国家自然科学基金项目(52074304)资助
国家重点研发计划项目(2023YFC3009101)资助

采空区预氧化煤自燃理论及防控技术应用

陆新晓　著

中国矿业大学出版社
·徐州·

内 容 提 要

煤炭是我国的主体能源，矿井火灾是煤矿的主要灾害，其严重威胁着矿井安全生产与工人健康。针对浅埋藏漏风和裂隙失水造成的煤炭预氧化问题，本书提出了采空区预氧化煤自燃理论及防控技术。采用煤自燃氧化实验平台和傅里叶红外光谱法，明确了不同预氧化程度下的煤自燃动力学规律及活性官能团变化；建立了泡沫阻化煤自燃实验测试评估体系，系统性分析了阻化剂的阻燃及保水能力，研判了钙化作用对亲水头基的作用机制；利用动网格技术分析了采煤工作面动态开采下，浅埋藏大漏风采空区自燃危险区推演规律，开展了泡沫均压协同灭火研究，为复杂采空区煤炭自燃灾害的高效精准防控提供了技术支撑和参考依据。

本书可供从事安全科学与工程研究工作的科研人员及工程技术人员参考。

图书在版编目(CIP)数据

采空区预氧化煤自燃理论及防控技术应用 / 陆新晓著. — 徐州 ：中国矿业大学出版社，2025. 2. — ISBN 978-7-5646-6626-2

Ⅰ. TD75

中国国家版本馆 CIP 数据核字第 2025TB2846 号

书　　名　采空区预氧化煤自燃理论及防控技术应用

著　　者　陆新晓

责任编辑　黄本斌

出版发行　中国矿业大学出版社有限责任公司

（江苏省徐州市解放南路　邮编 221008）

营销热线　(0516)83885370　83884103

出版服务　(0516)83995789　83884920

网　　址　http://www.cumtp.com　**E-mail**:cumtpvip@cumtp.com

印　　刷　苏州市古得堡数码印刷有限公司

开　　本　787 mm×1092 mm　1/16　**印张** 9　**字数** 176 千字

版次印次　2025 年 2 月第 1 版　2025 年 2 月第 1 次印刷

定　　价　40.00 元

前　言

矿井火灾严重威胁着矿井安全生产与工人生命健康。本书围绕开滦(集团)有限责任公司内蒙古矿区浅埋藏漏风和唐山矿区裂隙失水造成的煤炭预氧化问题，开展了不同预氧化时间煤炭自燃动力学规律研究。采用自主搭建的煤自燃氧化实验平台，研究了程序升温过程中煤炭特征温度、标志性气体演化趋势，确定了交叉点温度、CO浓度随预氧化时间延长呈现先增加后减小的趋势。利用傅里叶红外光谱仪扫描分析了不同预氧化时间煤炭活性官能团变化，发现了促进煤氧复合反应的—CH_2、—CH_3、游离羟基和分子内氢键的数量也呈现先增加后降低的趋势，并通过配比优化研究得到了最优泥浆漏风量、悬浮性和流动性的水灰比以及悬浮剂添加量。

针对目前开滦(集团)有限责任公司唐山矿区和内蒙古矿区在预防采空区煤自燃方面，广泛采用的$CaCl_2$阻化剂存在的覆盖范围有限、阻化效率低的问题，开展了新型复合钙化泡沫自燃防控技术研究。通过阻燃性、保水性、吸水性测定，明确了质量分数15%、含水率30%的$CaCl_2$溶液性价比最高；借助析液实验/耐燃性实验，明确了新型复合钙化泡沫具有优良的热稳定性和燃烧抑制性；建立了新型复合钙化泡沫三明治模型，发现了钙化能够加强头基与水的相互作用，降低水的析液速率，提升泡沫保水性，减缓歧化作用，并阐明了新型复合钙化泡沫性能优异的原因。

针对开滦(集团)有限责任公司内蒙古矿区红树梁煤矿和串草圪旦煤矿存在的煤层赋存浅、地表漏风大、煤层易氧化的特点，开展了动态开采条件下地表漏风对煤矿火区分布规律影响研究。结合煤矿工作面实际情况，构建了采空区三维模型，写入渗流参数，采用动网格技术，以氧浓度为指标对采空区煤自燃“三带”进行划分。研究发现地表漏风扩大了煤自燃氧化带的范围，且随着工作面的推进，氧化带范围扩大趋势逐渐减小。另外，开展了泡沫灌注、泡沫灌注与均压协同使用立体惰化灭火效果研究，为开滦(集团)有限责任公司矿区煤自燃的高效防控提供了重要的基础理论及创新科技支撑。

本书得到了国家自然科学基金项目(52074304)和国家重点研发计划项目(2023YFC3009101)的资助支持，在此表示衷心感谢。由于著者水平有限，书中难免存在不足，恳请广大读者批评指正。

著　者
2024年9月

目　录

1 绪 论

1.1 研究背景

《能源发展战略行动计划(2014—2020 年)》指出,能源是现代化的基础和动力,安全和可靠的能源供应事关我国现代化建设全局。我国能源发展的重要任务之一是增强能源自主保障能力,同时加快构建清洁、高效、安全、可持续的现代能源体系,推进煤炭高效开发利用[1-2]。煤炭是我国的主要能源[3-5],根据中华人民共和国自然资源部《中国矿产资源报告 2024》,截至 2023 年年底,国内煤炭查明资源储量 2 185.70 亿 t,仅次于美国和俄罗斯[6]。图 1.1 阐述了 2010—2023 年中国原煤的产量及其同比增长率。从 2010 年到 2016 年中国原煤产量呈现先增后降趋势,但从 2016 年到 2023 年中国原煤产量持续增加,并且在 2023 年达到峰值 47.1 亿 t。

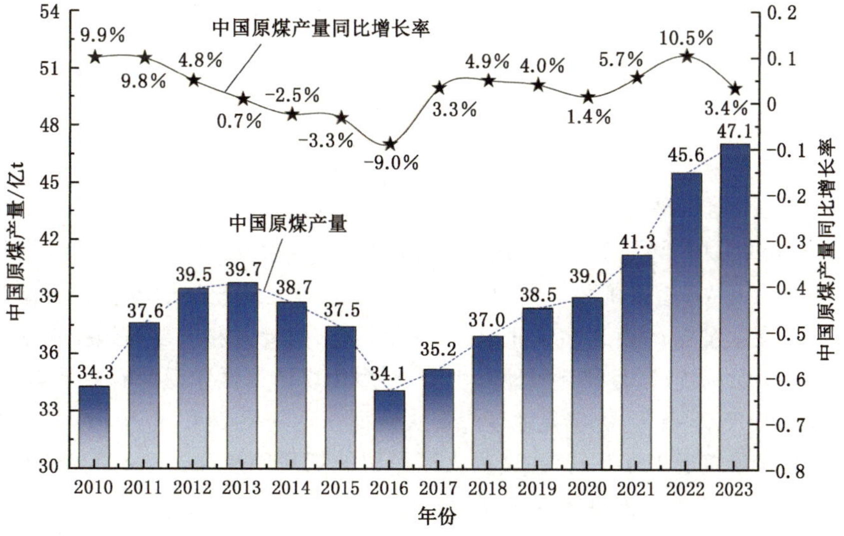

图 1.1 2010—2023 年中国原煤的产量及其同比增长率

结合国家统计局数据，分析了2010—2023年我国煤炭占能源消费总量比重和2010年、2023年一次能源消费结构[7]，如图1.2所示。在2010年到2023年，整体上煤炭占能源消费总量比重由69.2%下降到了55.3%，但仍超过一次能源消费总量的一半，国家统计局数据预测到2040年煤炭占能源消费总量比重仍在35%以上。虽然"十三五"规划提出要降低煤炭消费占比，但我国特有的资源赋存状况，决定了在相当长一段时间内，煤炭作为主体能源的地位仍不可动摇[8-9]。

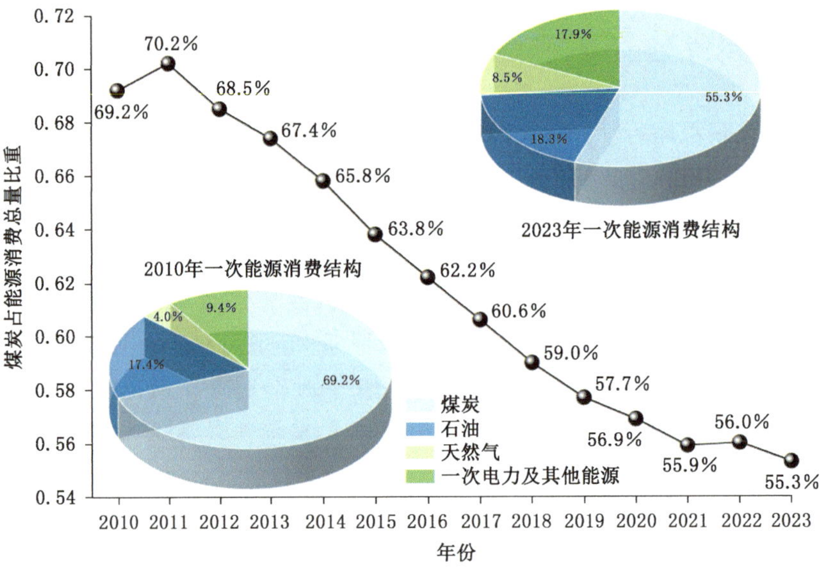

图1.2　2010—2023年我国煤炭占能源消费总量比重

火灾是煤矿井下五大灾害之一，主要发生在露出地表煤层和地下采煤区域[10-11]。煤火广泛分布于全球大部分开采煤炭资源的国家和地区，如中国、美国、澳大利亚、印度等[12-13]。我国约90%的煤炭为井工开采，矿井地质条件和煤层赋存条件复杂，面临矿井火灾的严重威胁[14]。煤火问题长期困扰着占据我国80%以上煤炭储量的西北和华北地区，其中新疆、内蒙古和宁夏等地受灾最为严重。据相关数据统计，目前新疆地区仍有40多个煤矿火区未得到有效治理，总面积达到477.73万 m^2[15]。宁夏地区煤矿火区面积达到了394.56万 m^2，每年直接烧毁的煤炭量接近100万t。在这些火区滞留的煤炭储量高达7 872.58万t[16]。图1.3为部分煤矿火灾事故现场图。

煤矿火灾不仅烧毁了大量煤炭资源，还间接造成数十倍的呆滞资源不能开采和利用，其中以火区氧化煤问题最为突出[17-19]。煤田火区的钻孔资料显

图 1.3　部分煤矿火灾事故现场图

示，在煤火边界未燃煤的一侧，氧化残留煤分布范围广泛，距离可以达十几米。近年来，国家加大了煤矿安全科技投入、强化了安全监管、优化了产能结构，煤矿安全生产状况明显好转。但矿井火灾形势依然严峻，图 1.4 总结了近年来发生的典型煤矿火灾事故。2012 年 2 月，四川钓鱼台煤矿由于封闭火区管理不到位，煤自燃引发瓦斯爆炸，造成 13 人死亡、1 人下落不明和 12 人受伤；2015 年 12 月，黑龙江向阳煤矿煤自燃引起瓦斯爆炸，造成 19 人死亡；2020 年 9 月，重庆松藻煤矿胶带和煤混合燃烧，导致 CO 超限，造成 16 人死亡和 42 人受伤[20]。

在煤炭开采过程中，由煤自燃引发的矿井火灾是主要自然灾害，煤自燃火灾在所有矿井火灾中占比高达 85%～90%，严重阻碍了矿井的正常开采并威胁着矿工的生命安全[21-23]。煤自燃的发生需要满足煤具有自燃倾向性、煤体呈破碎状态、有连续供氧条件和蓄热条件[24-25]。我国 90%以上的煤层为自燃或容易自燃煤层，煤炭主要开采省区的 130 多个矿区中 70%以上的煤矿存在煤自燃隐患。

开滦（集团）有限责任公司（简称开滦集团）为国有特大型煤炭能源企业，被誉为“中国煤炭工业源头”和“北方民族工业摇篮”，创造了多个中国近代工业史

图 1.4　近年典型煤矿火灾事故

上的第一。新中国成立后至 2022 年年底，开滦集团共生产优质原煤 18.03 亿 t，精煤 4.34 亿 t，在各个不同历史时期，开滦集团为我国经济社会发展做出了重要贡献。开滦集团下属矿井分布于唐山、内蒙古和新疆等地，自开采以来，不少矿井发生了煤炭自燃，如唐山矿区的范各庄煤矿、钱家营煤矿等均有煤自燃隐患发生记录。随着开滦集团对外发展需要，新疆金川煤矿和塔什店煤矿完成整合投产，新疆地区煤自然发火严重，急需对这两个矿井煤自然发火情况进行分析、研究。内蒙古矿区红树梁煤矿经过几年建设，已经具备 1 000 万 t/a 的生产能力，相邻的串草圪旦煤矿煤自然发火严重，地面堆煤短期内也出现自然发火，井下 CO 显现异常，严重制约矿井正常生产。当前许多矿井是一井一面的高产高效矿井，一旦发生煤自然发火事故，将严重影响矿井的经济效益和安全生产。图 1.5 为开滦集团下属主要矿井基本概况。

开滦集团下属煤矿大多具有煤自然发火倾向。开滦矿区发火严重的荆各庄煤矿和林南仓煤矿都已经关闭，但是唐山煤矿作为一个近 150 a 的老矿，其井下系统复杂、矿压大、采空区多、老巷多，防灭火难度大等问题。其中，8 煤

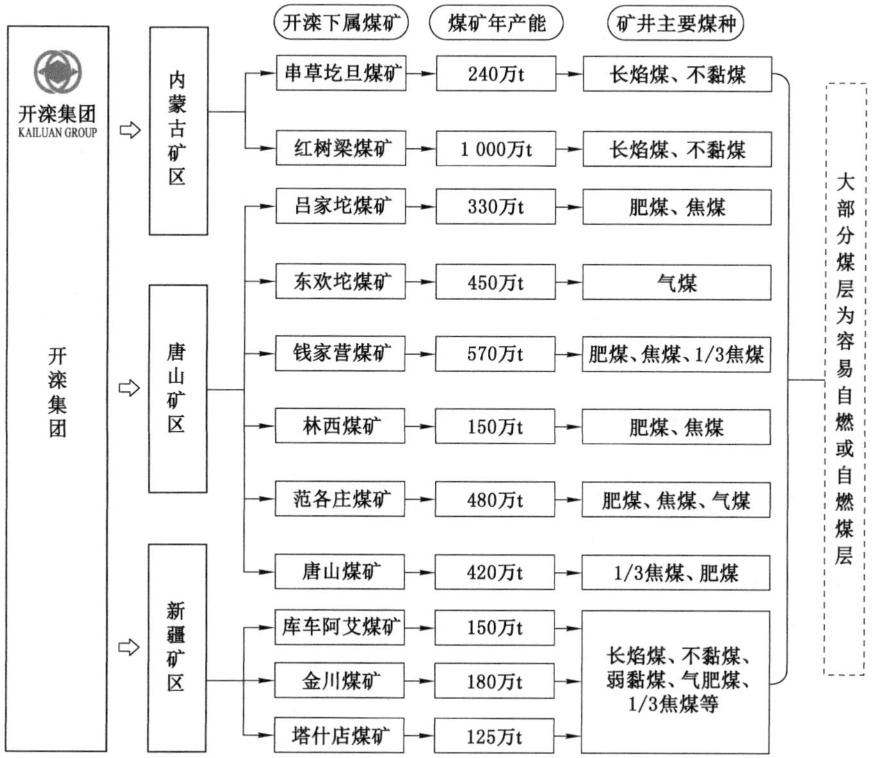

图 1.5　开滦集团下属主要矿井基本概况

层、9 煤层、12 煤层均为自然发火煤层，8 煤层、9 煤层自然发火期为 10 个月，12 煤层自然发火期为 12 个月。唐山煤矿主采煤层为 8 煤层、9 煤层，采用走向综采放顶煤开采，随着开采深度和开采强度的不断增加，井下通风网络变得十分复杂，通风难度增大，裂隙漏风通道多，采空区遗煤的预氧化现象严重；且井下水量大，裂隙内一旦失水极易造成新鲜风流进入煤体内部，引起煤炭预氧化，加速煤自燃进程。同时唐山煤矿属于高瓦斯矿井，存在由煤自燃诱发瓦斯灾害的潜在可能性，因此急需对唐山煤矿当前防火工作进行研究。钱家营煤矿的 5 煤层、7 煤层、8 煤层、9 煤层、12 煤层均为自然发火煤层，各煤层自然发火期为 12 个月，其中 11 煤层和 12-1 煤层以黄铁矿为主，其余煤层以有机硫为主。煤层一次采全高，在一些采区收尾期间煤自然发火隐患发展迅速，严重影响了安全生产。为确保采空区防火的有效性，钱家营煤矿对采空区采取防火注浆，每年更换和延伸注浆管路 4 km，月均注浆量 1 300 m^3 以上。东欢坨煤矿主采煤层为 11 煤层、12-1 煤层、12-2 煤层，以气煤为主，煤自燃倾向性均为自燃，煤层自然发火期12个月，属于低瓦斯矿井，8煤层、9煤层、11煤层、12煤层煤尘具有较强的爆炸危险性。南一采区存在F_{16}、F_{19}、F_{22}等正断层8条，其中F_{22}正断层落差高达60 m，断层附近存在漏风加剧情况，加速暴露了煤层预氧化的风险。东欢坨煤矿井下水量较大，甚至部分巷道都存在水体外渗的情况，随着井下采动进程的推进，煤层裂隙中的水分流失，新鲜空气沿裂隙进入煤体内部，形成煤氧复合作用，产生大量的预氧化煤，加速了煤自燃进程，因此亟须开展东欢坨煤矿预氧化煤体的氧化动力学特征分析。同时，东欢坨煤矿正在推行沿空留巷技术，范各庄煤矿和钱家营煤矿也在规划采用沿空留巷技术，由于在沿空侧采空区漏风严重，采空区内煤体加速了预氧化程度，也容易出现预氧化煤自燃进程加快的问题。吕家坨煤矿开采历史久远，在5采区煤层开采深度达到－950 m，且存在非常广泛的断层群和褶皱区，矿区内典型的褶皱区有毕各庄向斜、南阳庄-岭上背斜、吕家坨背斜、黑鸭子向斜等，其中背斜占矿井面积的70％，深部地区褶皱区更为严重，正/逆断层和褶皱区均会对煤层的原始结构产生破坏，形成众多错综复杂的离层裂隙，造成大量新鲜风流顺着断层裂隙进入煤层，造成煤层预氧化程度加重，一旦煤层开采后，断层漏风大量汇入采空区，加速采空区预氧化煤体的自燃。吕家坨煤矿7煤层、8煤层、9煤层、12煤层为自燃煤层，煤自燃倾向性等级为自燃，煤层具有爆炸危险性。吕家坨煤矿防灭火采用灌浆系统，进行预防性注浆或进行局部充填；同时对工作面采空区等容易形成蓄热氧化条件的煤体喷洒阻化剂隔绝供氧，消除高温点。林西煤矿年生产能力150万t，可采煤层为7煤层、8煤层、9煤层、11煤层、12煤层，可采总厚度10.9 m，其中7煤层平均煤厚3.2 m，煤层倾角21°～27°，采用全矿井负压通风，煤尘具有爆炸危险性，煤种以肥煤和焦煤为主。7煤层、8煤层、9煤层、11煤层、12煤层自燃倾向性等级为自燃。随着开采水平的延伸，12煤层的个别工作面停采封闭后，密闭附近出现过CO。林西煤矿防灭火主要采用地面制氮，并由管路输运至井下，在采煤面埋管注氮，并对部分易氧化的煤柱裂隙、开切眼、工作面巷道附近采用喷洒阻化剂工艺。林西煤矿存在岩浆岩入侵问题，大量岩浆岩入侵煤层后，破坏煤层原始纹理结构，在煤层上形成天然焦，能够催生煤体裂隙发育，加剧煤层漏风和煤体预氧化，影响煤自燃的发展。范各庄煤矿可采煤层为5煤层、7煤层、8煤层、9煤层、12煤层，煤层存在不稳定性，以肥煤、焦煤、气煤为主，12煤层灰分偏低，含硫量偏高，与吕家坨煤矿的类似。范各庄煤矿存在较多的断层和褶皱区，最大的断层位于毕各庄向斜区，F_5正断层落差高达200 m，断层区的出现加剧煤体预氧化，对煤自燃氧化进程有较大的影响，最短发火期为11个月，最长25个月，从投产至今12煤层发生过多次发火，如1970年10月1122S采煤工作面煤自燃（发火期13个月)、1970 年 11 月 1121N 采煤工作面煤自燃(发火期 11 个月)、1978 年 2 月 1127S 采煤工作面煤自燃(发火期 25 个月)、1982 年 4 月 1322S 综采面煤自燃(发火期 19 个月)、1983 年 10 月 1221N 工作面煤自燃(发火期 12 个月),井田范围内也同样存在较为明显的岩浆岩入侵。2023 年范各庄煤矿接注浆管 1 500 m,在采煤工作面投产前,将注浆管路接至采煤工作面风道防火墙以里不少于 1 m 位置;工作面回采期间出现自然发火征兆时,由采煤工作面平巷防火墙处向工作面采空区重新延接注浆管路,向工作面采空区进行注浆防灭火;在日常管理中,利用阻化剂喷洒对工作面、上下毛窝、上下出口 50 m 范围内,以及始采线和终采线附近等重点防火区域进行防灭火。

开滦集团内蒙古矿区下属红树梁煤矿和串草圪旦煤矿。其中,红树梁煤矿 6 煤层为容易自燃煤层,煤种为长焰煤,6 煤层最短自然发火期 58 d,煤层倾角平均 4°,可采厚度平均 8 m,煤层埋深也较浅,平均埋深 116 m,最浅距地表仅 72 m。煤层埋藏浅易造成地面漏风,相邻矿井开采 6 煤层时出现多次采空区遗煤氧化现象。串草圪旦煤矿煤层结构复杂,含 1～2 层夹矸,其中一层夹矸沉积稳定,岩性变化不大,全区发育,为 6 煤层标志层;煤层走向 10°～170°,倾角 1°～7°,平均 5°;煤层倾角由南向北、由西向东逐渐增大;煤层厚度 8.6～14.3 m,平均 11.50 m。根据该矿 2019 年的煤尘爆炸性、煤自燃倾向性检验报告,6 煤层有煤尘爆炸倾向性,属于Ⅰ级容易自燃煤层。矿井实行一矿一面集约发展模式,采用综合机械化放顶煤开采方式。但是放顶煤的开采方式决定了势必有煤体遗留在工作面采空区,提供了可能发生遗煤氧化的物质基础;煤柱承压破碎产生的裂隙以及为满足工作面开采提供的风流,为采空区遗煤氧化提供了氧气条件;一般地质构造与工作面开采强度过大会导致推进速度变缓,为煤氧化蓄热提供了时间基础,显著提升了煤自燃发生的概率。

在我国西北部地区,存在着大量的浅埋煤层矿井,浅埋煤层由于埋深较浅,煤层开采后,地表塌陷,形成无数条直通工作面以及采空区垮落带的裂隙,当矿井采用负压通风方式时,地表的相对压能会大于采空区中的相对压能,导致有风流从地表流向采空区,使原本只有内部漏风的采空区流场变得更为复杂。同时,还对原本存在内部漏风的采空区增加遗煤自燃的火灾危险性,使得采空区内的氧浓度升高,容易造成采空区温度升高。所以当地表漏风较为严重时,对煤炭的高效安全生产将产生巨大威胁。影响采空区流场分布的众多因素中,采空区多孔介质的孔隙率分布对其流场起着决定性的作用。因此,搞清楚浅埋煤层采空区的孔隙率大小分布规律是研究此浅埋煤层采空区漏风规律的重要基础。在掌握浅埋煤层采空区内孔隙率的分布规律之后,研究其流场分布规律及氧浓度分布规律,对于预防采空区中遗煤自燃导致的火灾以及保障煤矿安全开采具有重要意义。基于以上背景可见，现阶段在动态开采条件下的地表漏风对采空区自燃“三带”范围的影响是难以界定的，这为矿井开展防灭火工作带来了巨大困扰。本书模拟以红树梁煤矿 6106 工作面和串草圪旦煤矿 6101 工作面为研究背景，开展动态推进条件下漏风对采空区内部氧化带的影响，探究采空区贯通导致的漏风及采空区自燃“三带”分布规律，为煤矿企业科学主动采取灾害防治措施提供参考和指导作用。

综上所述，通过大量调研开滦集团唐山矿区和内蒙古矿区煤炭自燃特点，发现内蒙古矿区存在浅埋藏裂隙发育，漏风通道多，煤层与地表交错贯通，造成煤层和采空区内出现大量预氧化煤体。在唐山矿区由于东欢坨等煤矿水量大，采空区等区域煤体裂隙被大量水体充填，一旦煤体裂隙中的水分失去，新鲜风流进入煤体内部，极易造成煤体氧化，形成预氧化煤体。同时唐山矿区林西煤矿、东欢坨煤矿、钱家营煤矿等存在较为复杂的断层和褶皱区，空气进入断层区后，形成大量预氧化煤体。而目前对预氧化煤自燃过程中特征温度和指标气体的规律研究还不明确。同时开滦集团唐山矿区和内蒙古矿区在预防采空区煤自燃方面广泛采用 $CaCl_2$阻化剂，其在阻化灭火过程中存在明显的覆盖范围有限，阻化效率低的问题，尤其是在应对大空间采空区高位隐蔽火源的过程中，$CaCl_2$阻化技术弊端明显。

本书开展了复杂采空区预氧化煤自燃动力学规律及新型复合泡沫协同防控技术研究，旨在解决开滦集团下属矿井浅埋藏大漏风采空区煤炭预氧化严重，煤炭氧化自燃动力学特征不明确的基础问题，提出新型复合钙化泡沫协同防控新理念，确定新型复合钙化泡沫的强力保水性、阻化性及耐燃性，并首次开展动态开采条件下地表漏风对火区分布规律影响研究，明确了工作面在动态推进叠加地表大漏风过程中，氧化自燃区域的动态变化，为复杂采空区煤炭自燃灾害的高效精准防控提供了重要科学依据。

1.2 国内外研究现状

1.2.1 煤自燃机理研究

关于煤自燃的研究始于 17 世纪，至今已提出多种理论，包括黄铁矿导因学说、细菌导因学说、酚基导因学说和煤氧复合作用学说等[26-27]。其中，煤氧复合作用学说能够合理解释煤自燃现象，逐渐得到广泛认可[28-30]。煤自燃是一个复杂的物理化学过程[31]，由煤氧反应释放的热量积累引发。其发展过程可分为三个阶段：煤与氧气的物理吸附、化学吸附和化学反应[32]。当煤与空气中的氧气接触时，首先发生物理吸附并释放吸附热，为后续反应提供热量积累；随后，煤与氧气进行化学吸附和反应，释放化学吸附热和反应热。当热量积累使煤体温度达到着火点时，煤自燃随即发生[33-34]。煤的低温氧化是煤自燃的初始阶段，也是其根本诱因。该过程属于气固相间的氧化反应，当煤与氧气或空气接触时，氧气分子被煤的活性位点吸附，进而发生煤氧复合反应。随着煤氧复合反应的持续，煤体温度逐渐升高，同时释放 CO、CO_2、H_2、CH_4、C_2H_4和 C_2H_2等气态产物，煤的物理化学结构也随之发生改变[35-36]。温度升高与气体释放是煤低温氧化的主要宏观特征[37-38]，而物化结构的变化则为其微观特征[39-40]。煤物化结构与煤低温氧化是一个动态变化、相互影响的过程。国内外学者对煤自燃机理的研究多集中于煤的初次氧化反应，对二次氧化反应及其自燃演化过程特征的研究不足。Deng 等[41]研究了新鲜煤与氧化煤的氧化特征，通过分析 CO 生成速率、耗氧速率、放热速率等宏观参数，发现在 110～140 ℃范围内，氧化煤的自燃参数增长速率较快。Wang 等[42]证实了二次氧化显著降低煤自燃的特征温度，从而加速煤自燃过程。朱豪等[43]发现煤二次氧化增强了耗氧速率和放热强度，增大了煤的自燃风险，使氧化煤更易发生自燃。文虎等[44]指出，二次氧化时煤的放热强度和耗氧速率显著增强，导致氧化煤的自燃临界温度大幅降低，升温速率加快。石芳等[45]证实二次氧化煤升温速率高于初次氧化煤升温速率，在低温阶段产生的 CO 气体也较多，因此矿井工作面对气体的监测要更加严格，确保火区启封的人员安全。张辛亥等[46]说明氧化煤二次氧化反应历程与原煤初次氧化历程相似，氧化煤的反应活化能较原煤的有所下降，在 160 ℃时氧化煤的反应活化能达到最低，自燃危险性最大。Ma 等[47]从煤的氧化性、放热性、结构官能团的角度研究氧化煤，得到氧化煤的临界温度和放热量均低于原煤的，氧化处理能够削弱煤中某些官能团，极大地增加了二次氧化自燃风险，其中氧化至 120 ℃的氧化煤二次氧化自燃风险最高。Wang 等[48]认为煤的二次氧化反应受初次氧化作用影响，初次氧化至 130 ℃的煤自燃危险性最高，二次氧化反应更为复杂。

煤中含氧官能团和烷基侧链等活性结构在低温氧化过程中的演变规律是煤自燃机理研究的关键基础与重要组成部分。通过傅里叶红外光谱和量子化学方法，大量学者对这些微观结构在低温氧化过程中的变化进行了全面而深入的研究，为揭示煤炭自燃机制提供了重要依据。Wang 等[49]发现随着氧化的进行，煤中的甲基、亚甲基等物质含量快速降低，而含氧官能团的含量逐渐增加，判断出初始阶段首先是煤中的活性基团如甲基和亚甲基与氧气发生氧化反应，随后不稳定的中间产物发生分解并转化为稳定的固体产物如羧基、羰基等。Mathews 等[50]研究发现煤的初始氧化发生在苄基位置上，煤首先在此位置氧化生成过氧化氢等物质，然后再转化生成醌和羧基类物质。Tahmasebi 等[51]在对煤样进行热空气干燥时发现，脂肪族氢结构数量显著减少，认为空气中的氧气主要与脂肪族结构反应产生含氧官能团。Zhou 等[52]在研究煤低温氧化过程中活性官能团的迁移和转化规律时发现，随着温度的增加煤样中的甲基和亚甲基的含量均逐渐减少，且亚甲基含量减少得更多，说明亚甲基的活性更高，更易被氧化。辛海会[53]利用量子化学的方法对煤中可能的活性官能团进行模拟计算时发现，次甲基在常温条件下即可发生氧化反应，因此推断次甲基是导致煤炭自燃的初始活性位点。

1.2.2 煤自燃防控技术研究

煤氧复合反应导致的热量积累是煤炭自然发火的根本原因，防灭火技术的研究始终聚焦于隔绝氧气和降温灭火两个关键问题。针对矿井自燃灾害的复杂性，常用防灭火技术包括注浆、注惰性气体、喷洒阻化剂及惰性泡沫和均压通风等。尽管传统技术在提升煤矿安全方面发挥了重要作用，随着采掘深度和产量的增加，其有效性逐渐受到限制。因此，亟须开发一种防灭火能力强、适用范围广、操作简便、经济高效且具环保性的防灭火技术[54-56]。泡沫材料因其轻质、隔热，以及良好的高位堆积和渗流扩散特性，被视为治理采空区煤自燃较为有效的技术，受到众多学者的关注[57-58]。常规灭火泡沫中至少含有三种组分：液相、气相和表面活性剂[59-60]。表面活性剂分子具有两亲性质，一部分亲水，另一部分疏水。通常亲水部分称作头端，疏水部分称作尾端。表面活性剂能够降低气液界面张力，减小体系表面能，利于发泡[61-62]。

大量文献和现场实践表明，膨胀泡沫因其低密度、良好堆积性、成本低、效率高及环境友好等特点，被广泛认为是抑制煤炭自燃的优良材料[63-66]。然而，由于煤自燃通常经历自热和后续燃烧阶段，此时煤温度较高，膨胀泡沫的耐热性较弱[67-69]。为此，许多研究者尝试通过引入物理或化学改性成分，以提升膨胀泡沫的抑制性能[70-72]。Ca^{2+}、Mg^{2+}、Na^{+} 等无机盐具有较好的隔氧性和吸水性，是防治煤自燃的主要物理抑制剂[73-74]。Qin[75]开发了一种用于防治煤自燃的粉煤灰固化泡沫，该泡沫具有高含水量、强固水稳定性和缓慢风化的特点。Xiao 等[76]将硅酸钠、氧化钙和表面活性剂组成的高分子产物作为添加剂，发现其耐受性高达 90%。Slovák 等[77]证明了 $CaCl_2$ 在 100～300 ℃时对煤自燃的抑制效果最好。Yang[78]的研究表明，$Ca(OH)_2$ 溶液具有的正电荷对高硫煤氧化有抑制作用。Xue 等[79]提出了可预防和控制矿井火灾的凝胶稳定泡沫，可以很好地覆盖燃烧煤炭表面，显著降低火源温度、热辐射和 CO 排放量。Shi 等[80]证明凝胶稳定泡沫可在煤表面形成完整的膜，隔绝氧气，抑制自燃。

1.2.3 采空区氧化带划分方法研究

采空区自然发火是煤氧反应释放的热量不断积累，最终达到煤炭燃点时引发的燃烧现象。由于采空区范围广阔且人员无法直接进入观察，数值模拟[81]成为研究采空区自然发火的有效手段。目前，采空区自然发火的数值模拟主要基于Fluent、Comsol和MATLAB等商业软件开发。随着仿真技术的发展，数值模拟已从二维模型[82-83]向三维模型[84]、从单一物理场向多物理场耦合[85-86]、从固定坐标系向移动坐标系[87-88]逐步演进。采空区危险区域的划分是灾害防治的重要依据，而科学的判定准则是准确划分危险区域的前提。为此，众多学者从致灾关键因素出发，提出了不同的判定标准[89-90]。在采空区煤自燃危险区域划分方面，相关研究者提出了具体方法。Zhang等[91]以氧浓度7%～18%为依据划分了采空区的自燃危险区。Zhuo等[92]将风速0.001 6～0.004 0 m/s和氧浓度8%～18%区域叠加，获得了煤自燃高危险区。岳宁芳等[93]以采空区漏风强度、O_2浓度和浮煤厚度为划分指标，对采空区煤自燃危险区域进行分析。为了掌握采空区自然发火状况，Zhang等[94]从渗透性、漏风量、通风参数和地质水文条件等角度研究了采空区内部的气体流动过程。Zhai等[95]综合现场观测和仿真结果确定了U+L型通风条件下的采空区氧气浓度变化，发现采空区进风侧氧气浓度呈现先降后升的变化趋势。黄戈等[96]从氧气浓度控制的角度对上覆采空区自燃情况进行了模拟分析，研究表明巷道顶板裂隙引起的漏风是上覆采空区自然发火发生的主要原因。Chu等[97]对工作面风量分布、瓦斯治理效果及氧化带宽度进行了风险分析，发现采空区漏风量随着瓦斯抽采率的增加而增加，内部氧化带范围逐渐扩大。Yang等[98]通过数值模拟研究了Y型通风与高抽巷条件下采空区煤自燃与瓦斯耦合风险区域，发现风险区域范围与工作面风量呈正相关。Xu等[99]模拟了采空区煤自燃过程中CO的逸出，得到了O_2、CH_4、CO以及温度的分布规律，发现煤自燃与瓦斯耦合灾害风险区域呈斜条形，增大工作面风量会使风险区域向采空区深部移动。Liu等[100]研究了工作面停采期间采空区内氧气、温度的分布规律，发现高温区域位于采空区进风侧，提高工作面推进速度、减小遗煤厚度和降低工作面风量，可以降低采空区内煤自燃风险。张辛亥等[101]对近距离煤层渗流特点和氧气浓度分布进行了三维数值模拟，划分出开采下部煤层时，上部煤层煤柱及采空区自燃危险区。

1.3 研究内容

针对开滦集团内蒙古矿区和唐山矿区存在的由地表漏风和裂隙水分流失，造成预氧化煤自燃指标气体和特征温度规律不明晰，传统 $CaCl_2$ 阻化剂存在覆盖范围有限，阻化效率低，工作面动态开采条件下地表大漏风路径不清晰，氧化区域难以界定的技术难题，本书提出了开展不同预氧化时间煤炭自燃动力学规律、新型复合钙化泡沫自燃防控技术、动态开采条件下地表漏风煤矿火区分布规律及采空区泡沫灌注协同防灭火技术研究。具体研究内容如下：

（1）研究开滦集团下属矿井煤炭氧化动力学规律，分析预氧化时间、粒径大小与煤炭氧化特征温度、升温速度、标志性气体的关联性，明确预氧化作用对甲基、亚甲基、羟基等活性官能团的影响，确定煤炭自燃倾向性最强的临界预氧化时间；探究不同水灰比下轴向漏风量与泥浆厚度和预氧化时间的关系，结合悬浮性、流动性和流变性确定最优防灭火性能泥浆的悬浮剂添加比例。

（2）研究不同质量分数、含水率 $CaCl_2$ 阻化剂的保水性和吸水性，确定不同温度下 $CaCl_2$ 对煤炭自热的抑制效能，对比分析新型复合钙化泡沫的强保水性、阻化性和耐燃性，明确钙化处理对煤自热氧化升温速率、氧气消耗速率等影响；采用分子动力学方法得到 $CaCl_2$ 分子个数与氧气吸附量、吸附热、相互作用能关系，利用三明治模型揭示新型复合钙化泡沫优异的保水性、热稳定性等的机理。

（3）研究采煤工作面动态推进叠加地表漏风对煤矿氧化带演化趋势影响，结合采空区遗煤的孔隙空间分布编译渗流参数，采用动网格技术对采空区自燃危险区域动态推演规律进行预测，以氧浓度为基础划分采空区进风侧、中部、回风侧氧化带的范围和宽度，确定氧化自燃面积与开采时间的函数关系，明确地表漏风对氧化带范围的扩增效应，开展泡沫灌注、泡沫灌注与均压装置协同使用立体惰化灭火效果研究。

1.4 技术路线

本书从预氧化煤自燃动力学规律、新型复合泡沫协同防控技术和采空区氧化带动态演化特性三个维度，分析采空区预氧化煤自燃理论及防控技术应用，进而为矿井明确氧化带区域的动态变化，采取自燃灾害高效精准防控措施起到了重要参考和指导作用，如图 1-6 所示。

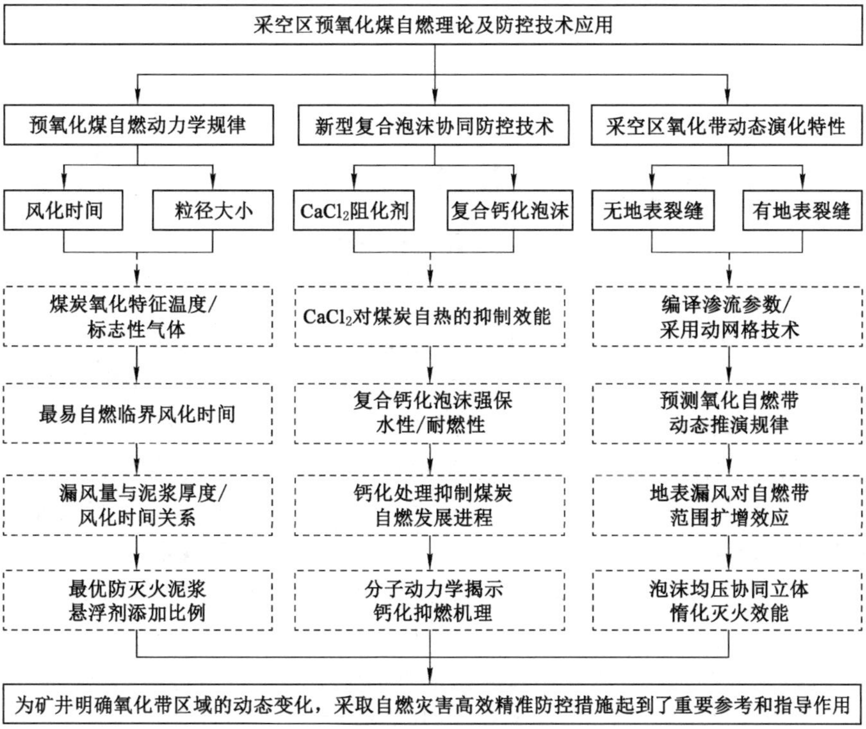
采空区预氧化煤自燃理论及防控技术应用
预氧化煤自燃动力学规律
新型复合泡沫协同防控技术
采空区氧化带动态演化特性
风化时间
粒径大小
CaCl2阻化剂
复合钙化泡沫
无地表裂缝
有地表裂缝
煤炭氧化特征温度/标志性气体
CaCl2对煤炭自热的抑制效能
编译渗流参数/采用动网格技术
最易自燃临界风化时间
复合钙化泡沫强保水性/耐燃性
预测氧化自燃带动态推演规律
漏风量与泥浆厚度/风化时间关系
钙化处理抑制煤炭自燃发展进程
地表漏风对自燃带范围扩增效应
最优防灭火泥浆悬浮剂添加比例
分子动力学揭示钙化抑燃机理
泡沫均压协同立体惰化灭火效能
为矿井明确氧化带区域的动态变化，采取自燃灾害高效精准防控措施起到了重要参考和指导作用

图 1.6　本书技术路线图

2 不同预氧化时间煤炭自燃动力学规律研究

开滦集团下属矿井内蒙古矿区存在浅埋藏裂隙发育，漏风通道多，煤层与地表交错贯通，造成煤层和采空区内出现大量预氧化煤体。在唐山矿区由于东欢坨等煤矿水量大，采空区等区域煤体裂隙被大量水体充填，一旦煤体裂隙中的水分失去，新鲜风流进入煤体内部，极易造成煤体氧化，形成预氧化煤体。同时开滦集团多座煤矿存在较为复杂的断层和褶皱区，空气进入断层区后，形成大量预氧化煤体。预氧化煤改变了煤炭的原始物理化学性质、宏微观结构，进而影响煤炭自燃动力学规律。本章围绕煤自燃升温特性、自燃指标气体变化规律、活性官能团演化趋势等对不同预氧化时间煤炭自燃动力学规律展开研究。宏观上深入研究了预氧化时间、粒径大小与煤炭氧化特征温度、标志性气体的关联性；微观上阐述了预氧化作用对甲基、亚甲基、羟基等活性官能团的作用机制，确定煤炭自燃倾向性最强的临界预氧化时间。解决了开滦集团预氧化煤自燃特性不清晰的问题，为后续煤自燃防治技术的选择奠定了基础。

2.1 煤样制备与实验测试条件

2.1.1 煤样的选取与制备

实地选取红树梁煤矿工作面大小基本相同的煤块，密封包装后带回中国矿业大学(北京)实验室。为防止密封不严导致微量的氧气进入从而影响实验结果，新鲜煤样在实验室条件下启封后去除表面氧化层，放入负压干燥箱以 105 ℃进行 10 h 干燥处理。处理完成后进行二次密封放入密闭容器内保存，煤样在每次实验前进行分次取用并进行分次保存。实验前，将所需煤样取出，根据实验设备尺寸，选用 5 目筛网和 14 目筛网组成的复合筛网进行组合筛选，放置时 5 目筛网在上方，14 目筛网在下方。煤样取出后，用刀片轻轻刮去表层煤样，随后采用手工粉碎或碎煤机粉碎方式进行破碎化处理，处理完成后将煤样倒入复合筛中过滤，将复合筛网中层的煤粒装入广口瓶或密封袋中备用，下层煤粉收集进行无害化处理，上层大颗粒煤进行二次粉碎，粉碎后重复上述步骤，直至上层筛中无大颗粒煤。煤样的具体性质如表2.1所列。

表2.1　煤样的工业分析和元素分析

煤样	工业分析（质量百分比）/%				元素分析（质量百分比）/%				
	M_{ad}	A_{ad}	V_{ad}	FC_{ad}	C	H	O	N	S
原煤	2.76	8.99	32.02	56.23	67.30	4.24	11.09	1.03	1.27

取密封袋中煤样30 g，放入电热恒温鼓风干燥箱中进行预氧化实验，打开鼓风机，将预氧化温度设为30 ℃，维持时长为24 h，维持时间结束后进行煤样的自然冷却，冷却完成后取出煤样，进行密封保存，并标记为预氧化1 d。预氧化2 d及多天的过程在预氧化1 d的基础上进行，将预氧化1 d过后的煤样自然冷却至室温后重复上述预氧化过程，将预氧化两次的煤样称为预氧化2 d，预氧化三次的煤样称为预氧化3 d，以此类推直至预氧化天数达到8 d。

2.1.2　热力学实验装置参数设置

热力学实验使用中国矿业大学（北京）自主搭建的煤自燃氧化实验平台进行，实验装置由篮热炉、空气压缩机、动态配气仪、泵吸式气体分析仪、傅里叶红外光谱仪等组成，按照空气压缩机、动态配气仪、篮热炉、泵吸式气体分析仪依次连接。其中，篮热炉作为整个实验装置的中控设备，通过空气压缩机、动态配气仪，向篮热炉内提供空气，模拟煤样在自然环境下升温自燃的整个过程；网篮内部插有K型热电偶，实时监测煤样升温自燃过程的温度变化；泵吸式气体分析仪通过吸气管与篮热炉连接，实时监测炉内O_2、CO、CO_2等气体浓度。如图2.1所示。

取30 g处理好的煤样置于合适大小的网篮中，确保煤样占据网篮容积的四分之三，由于网篮侧壁有开孔，需煤样粒径略大于开孔直径。将篮热炉中配有的K型热电偶插入网篮中心，以此来测煤样中心温度；同时将网篮悬挂在篮热炉中心位置，炉内内置的热电偶可以进行炉内温度的监测。空气压缩机通过动态配气仪设定气流速度来控制炉内气体浓度，气体流速设置为100 mL/min从而维持炉内稳定的空气环境。升温程序设定为30 ℃维持30 min，来对炉体自身进行预热，随后以1 ℃/min的升温速度加热160 min，使炉内温度达到190 ℃，整个过程持续时间190 min，加热产生的气体从出气口流出后进入泵吸式气体分析仪进行浓度检测。设置完成后关闭炉门，开始进行测试。

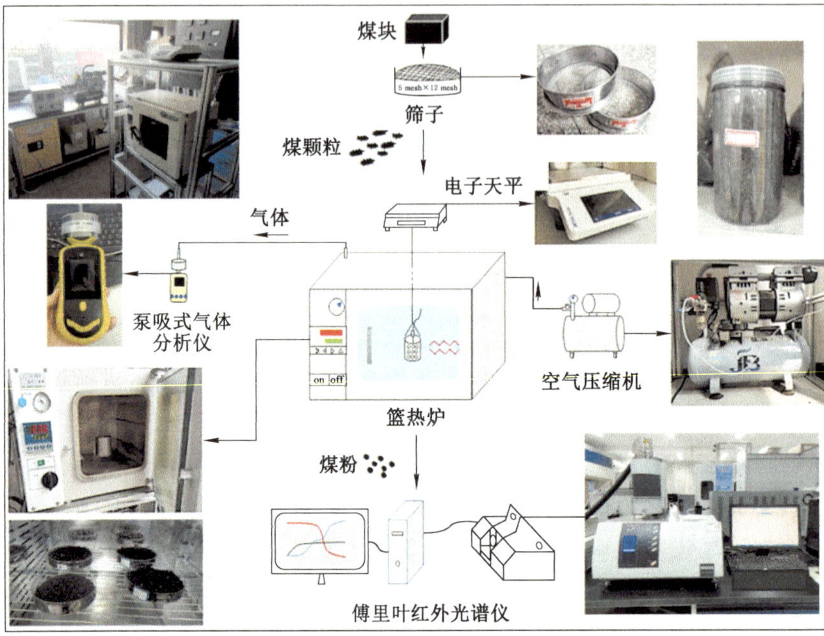

图 2.1　煤自燃热力学实验装置

2.2　预氧化时间对煤自燃特征参数影响研究

2.2.1　不同预氧化时间煤自燃升温特性变化规律

图 2.2 显示了炉温和煤温在整个测试过程中呈现的差异化演变特征。以原煤升温过程为例，炉温遵循程序设定以约 1 ℃/min 的速率稳定上升，表明温控系统具有良好的响应性能。相比之下，煤温在 0～145 min 的时间区间内始终滞后于炉温，直至达到 157.8 ℃的交叉点温度后才开始呈现反超趋势。在超越交叉点温度后，煤温持续上升并最终达到 340.3 ℃的峰值温度。本书将煤升温速率与程序设定速率(1 ℃/min)达到一致时的温度定义为梯度点温度(83.9 ℃)。

煤样升温过程中存在几个标志性的特征点，分别是梯度点时间、交叉点温度、交叉点时间以及终态温度，这几个特征点随预氧化时间的延长呈现出不同的变化趋势。首先梯度点出现在煤样温度升高的中间时刻，即在煤温升高进行到中间态时升温速率开始加快，其数值大小在一定程度上能反映煤样自热能力的大小，如图 2.3 所示。梯度点时间均大于 90 min，且随预氧化时间先减小后增大，在预氧化

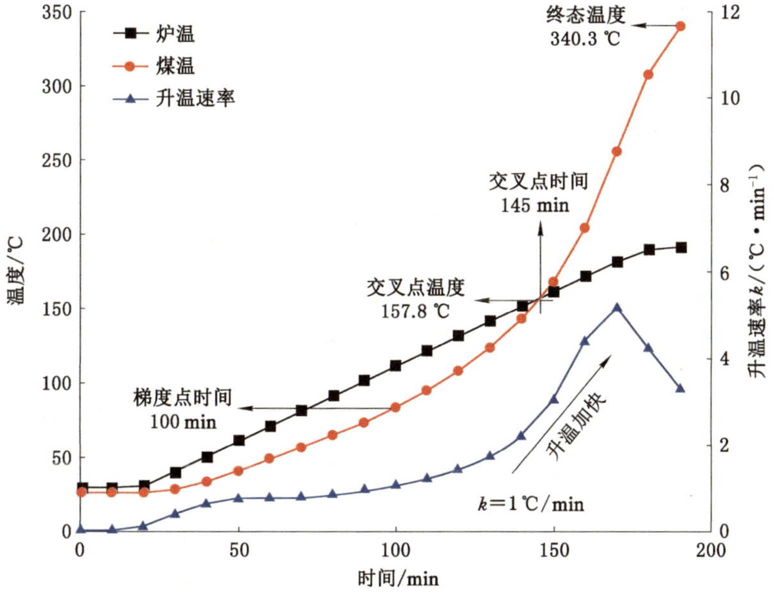

图 2.2 煤样温升曲线及变化速率

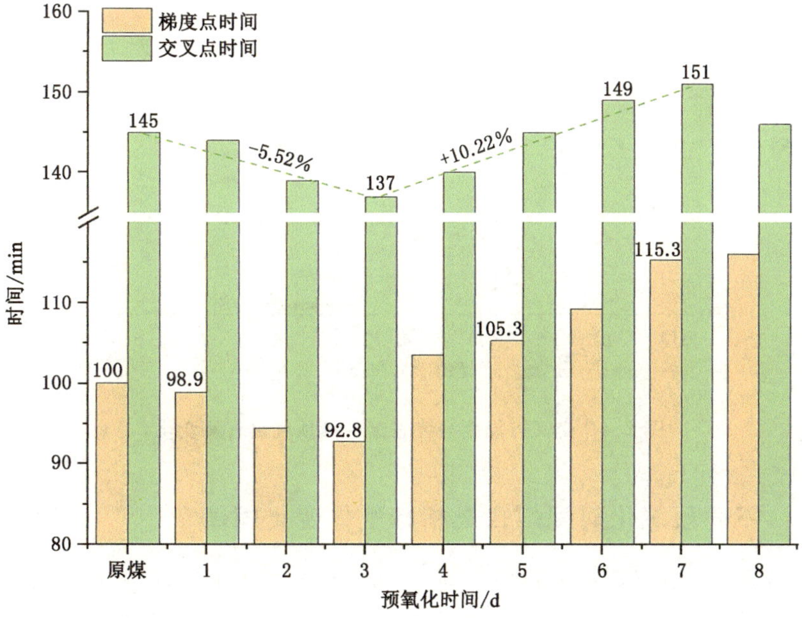

图 2.3 交叉点时间与梯度点时间随预氧化时间变化

3 d时达到最小值，为 92.8 min，在预氧化 8 d 时达到峰值，为116.1 min。

随着预氧化时间的不断增加，煤样的交叉点时间呈现出先减小后增大的变化趋势。煤样的交叉点时间分别为 145 min、144 min、139 min、137 min、140 min、145 min、149 min、151 min、146 min，其中预氧化 3 d 之前，煤样的交叉点时间保持小幅下降，而预氧化 3 d 后增幅突然增大至 10.22%。这里可以看出预氧化时间的增加使得煤样自热氧化能力的峰值出现先增大后减小的趋势，且在预氧化 3 d 后煤样自热氧化能力有明显降低。

图 2.4 显示了交叉点温度与终态温度随预氧化时间变化规律，交叉点温度从 157.8 ℃逐渐降低至 148.9 ℃，随后又升高至 163.1 ℃，终态温度从 340.3 ℃逐渐升高至 355.6 ℃，随后又降低至 285.8 ℃。交叉点温度越低代表煤样的自热氧化能力越强，可以看出煤样的自热氧化能力在预氧化 3 d 时达到顶峰，与原煤相比，交叉点温度下降 5.64%。在原煤与预氧化 3 d 煤样之间终态温度相差 15.3 ℃，而在预氧化 4 d 时出现断崖式下降。

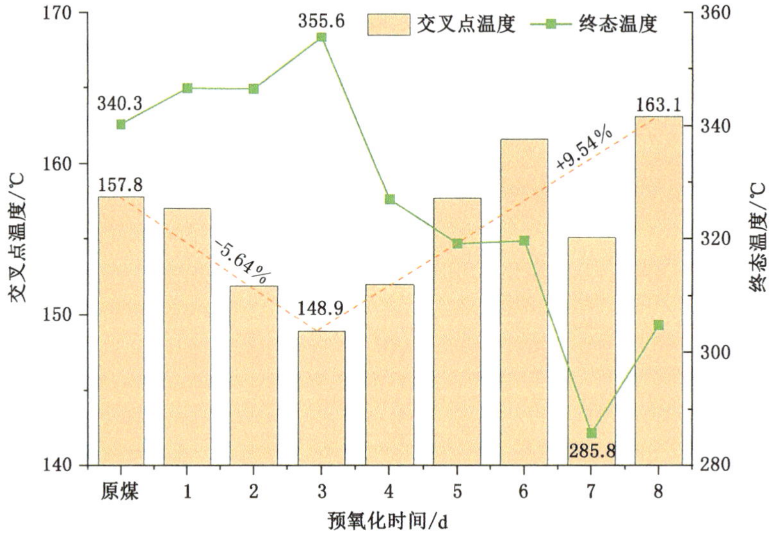

图 2.4　交叉点温度与终态温度随预氧化时间变化

2.2.2　不同预氧化时间煤自燃指标气体变化规律

气体是煤自燃过程中的重要产物，其析出种类和析出量，能够反映煤自燃发展进程和煤氧复合反应类型。其中，与煤自燃具有较大关联性的气体包括 CO、CO_2、O_2、烷烯炔烃类气体。考虑低温氧化过程中的气体析出特征，故选择参考

CO、CO_2、C_2H_4以及O_2四种气体的析出量变化，衡量煤自燃倾向。

以预氧化 3 d 煤样的CO、CO_2、C_2H_4以及O_2四种气体浓度随时间变化为例，阐述煤自燃析出气体的演化行为。CO 是煤与氧气不完全反应的产物，由于空气中 CO 含量较少，所以认为实验中探测到的 CO 均来自煤自身。CO 在煤中的存在形式包含两种：一种是煤体通过吸附作用而赋存在煤体内部的 CO，这种形式的 CO 含量较少，且容易受到热效应的影响，存在形式不稳定；另一种是由于煤氧复合反应产生的 CO，先前的大量研究表明，煤可以在低温氧化状态下产生 CO，并在随后的升温过程中 CO 含量呈现指数型增长。由图 2.5 可以看出，CO 在经过缓慢的反应期后，100 min 时开始逐渐析出，最终到达 0.2%时达到饱和。现有理论认为，前期的缓慢反应为后期 CO 浓度快速增大提供了基础，后期煤样出现显著 CO 浓度加速上升趋势，证明此时煤氧复合反应已进入最强烈的阶段。CO_2的产生标志着煤氧复合反应进入完全反应阶段，但考虑到空气中本身就存在大量的CO_2，所以CO_2的含量在初始状态下就有一定的基础值存在，其浓度为 0.03%左右。在煤强烈氧化开始后，CO_2浓度即快速增长，直到 190 min 时达到 0.61%。C_2H_4产自煤中活性基团氧化与自反应和脱附效应两个途径，该煤样在 100 min 时开始出现C_2H_4，160 min 时达到饱和点200×10^{-6}。下面对四种气体在不同预氧化时间影响下的析出情况进行讨论。

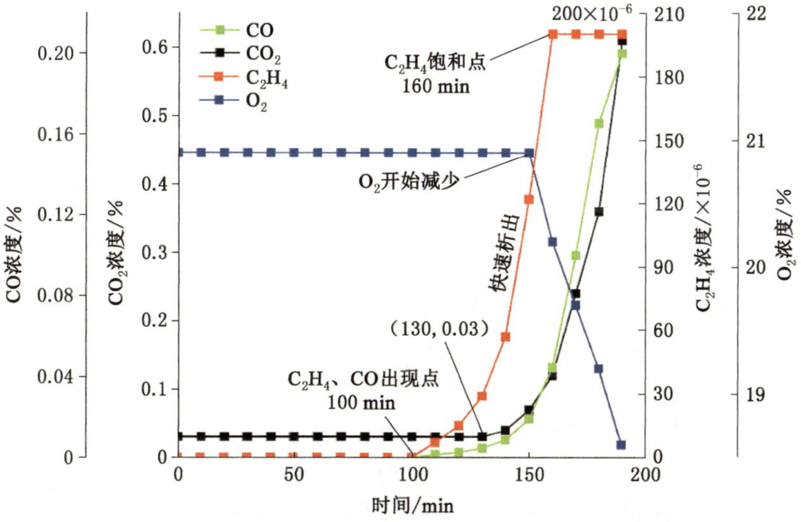

图 2.5 煤样氧化析出特征气体产物浓度变化

如图 2.6 所示，原煤至预氧化 8 d 的 9 种不同煤样，C_2H_4饱和时间点分别为 160 min、157 min、153 min、160 min、158 min、156 min、158 min、161 min、

165 min，随着预氧化天数的增加而基本上先提前后滞后，预氧化 2 d 的煤样最快出现 C_2H_4 饱和。CO 出现时间也呈现出先减小后增大的特征，当预氧化天数为 3 d 时，CO 出现时间仅需要 100 min，时间较原煤的缩小了 10 min，随后预氧化 8 d 煤样则在 117 min 时才出现 CO，时间增加了 17 min。

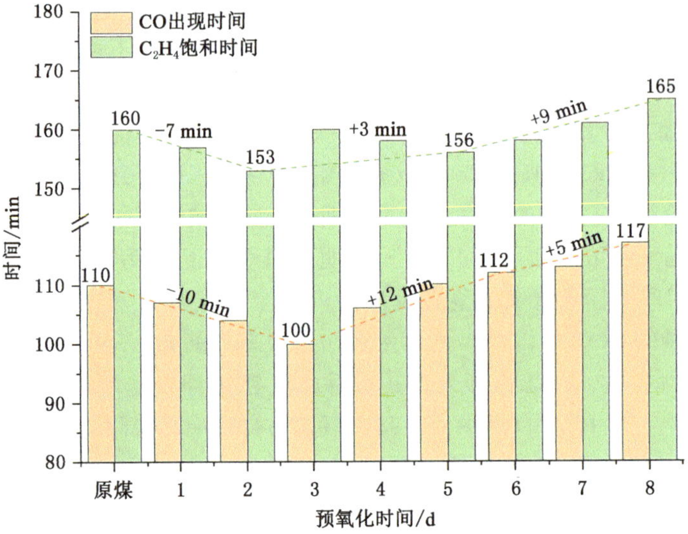

图 2.6　不同预氧化时间煤样 CO、C_2H_4 特征时间点变化

图 2.7 描述了不同预氧化时间煤样 CO_2 释放速率与加热时间的关联。利用下式可以计算出 CO_2 的释放速率：

$$R_{CO_2} = \frac{(c_1 - c_0)L}{60mV} \times 10^3 \tag{2.1}$$

式中　R_{CO_2}——CO_2 释放速率，nmol/(g・s)；

c_1——t 时刻出口气流中 CO_2 浓度，%；

c_0——进气流中 CO_2 浓度，%；

L——实验过程中的进气流量，mL/min；

m——实验煤样的质量，g；

V——理想气体状态下的摩尔体积，L/mol。

由图 2.7 可以看出，90 min 开始出现 CO_2，浓度较低，产生速率也比较低，随着时间的增加，CO_2 的释放速率略微升高，各组煤样没有明显的差异；时间在 125 min 之后，各组煤样的 CO_2 释放速率开始出现明显差异，其中预氧化 3 d 煤样 CO_2 释放速率最大，预氧化 8 d 煤样 CO_2 释放速率最小。通过分析随着温度增加 CO_2 释放速率的增长率，发现预氧化 3 d 的增长率 k_3 为 0.803 nmol/(g・s・min)，

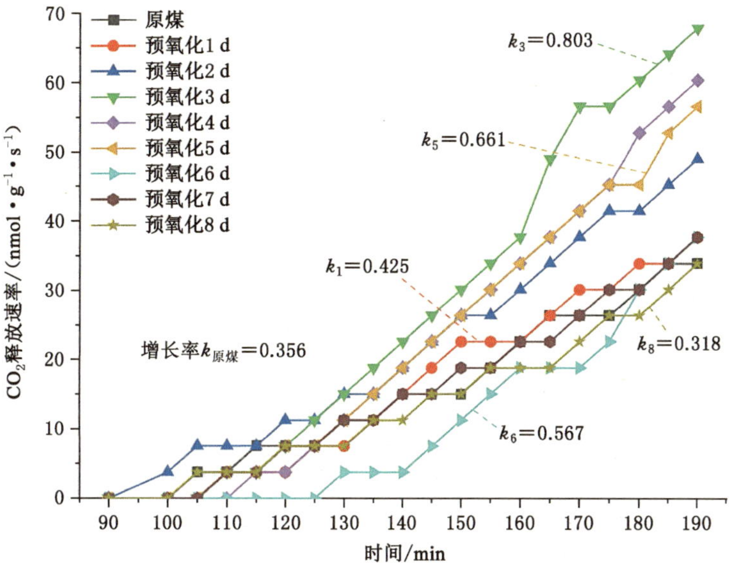

图 2.7 不同预氧化时间煤样 CO_2 释放速率变化

是预氧化 8 d 增长率 k_8 的 2.53 倍。

引入耗氧速率作为综合评估参量来描述其消耗过程，根据化学动力学和化学平衡理论，煤的耗氧速率与氧气浓度成正比，故煤在炉内耗氧速率 $V_{O_2}^T$ 为：

$$V_{O_2}^T = \frac{Qc_0}{SnL}\ln\frac{c_0}{c_1} \tag{2.2}$$

式中 $V_{O_2}^T$——煤氧化过程的耗氧速率，mol/(cm³·s)；

Q——供气量，cm³/s；

S——炉体供风面积，cm²；

n——实验煤样的孔隙率；

L——煤样高度，cm；

c_0——进气口氧气浓度，mol/cm³；

c_1——出气口氧气浓度，mol/cm³。

图 2.8 展示了不同预氧化时间煤样耗氧速率变化。图中大致展示氧气的变化过程：在 115 min 之前，氧气的消耗处于一个平衡状态，即消耗的氧气还没有超过氧气供给补充的速度，随后氧气消耗速率增大表明供给跟不上消耗，在 155 min 之后 9 种样品出现明显差异，其中从原煤到预氧化 3 d 煤样，最大耗氧速率从 0.000 432 mol/(cm³·s)增大至 0.000 615 mol/(cm³·s)，随后其耗氧速率不断下

降，直至预氧化 8 d 时耗氧速率已经下降至 0.000 314 mol/(cm^3 · s)。

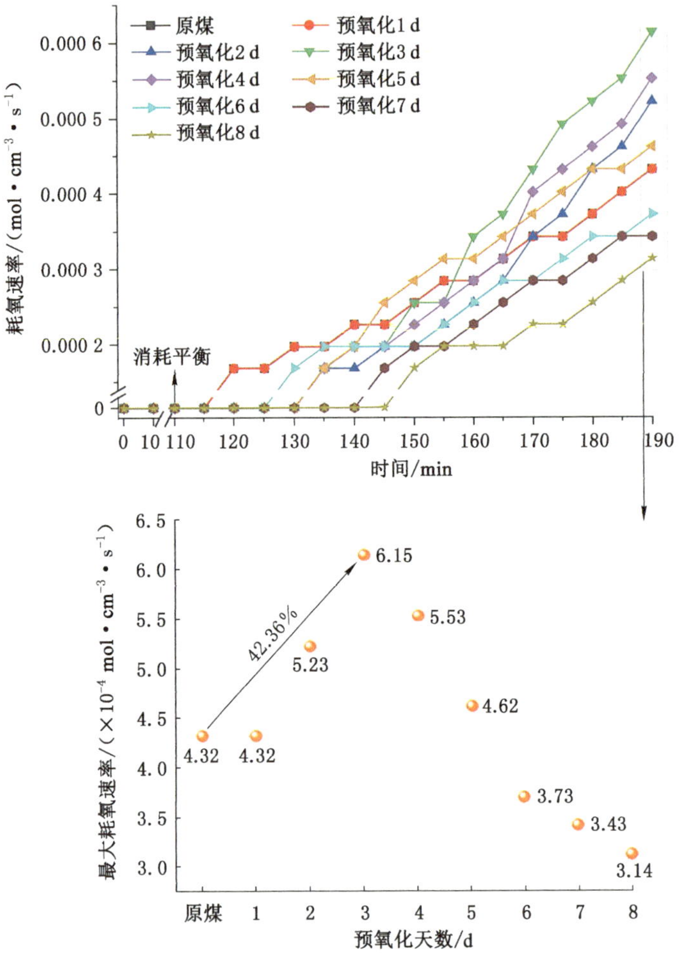

图 2.8　不同预氧化时间煤样耗氧速率变化

综合上述几个评判指标后，现得出两个评价煤自燃强度的关键性指数，煤自燃倾向性指数 I 和煤最短自然发火期 T_S，煤自燃倾向性指数 I 是在前人研究的基础上调整后引入，通过氧气浓度和达到平衡点温度的时间，采用煤自燃倾向性指数计算公式来进行计算，其公式为：

$$I_{c_{O_2}} = \frac{c_{O_2} - 15.5}{15.5} \times 100 \tag{2.3}$$

$$I_{T_{cpt}} = \frac{T_{cpt} - 140}{140} \times 100 \tag{2.4}$$

$$I = \varphi(\varphi_{c_{O_2}} I_{c_{O_2}} + \varphi_{T_{cpt}} I_{T_{cpt}}) - 300 \tag{2.5}$$

$$T_S = 53.125\ln(\frac{1\,862}{1\,862 - I}) \tag{2.6}$$

式中 I——煤自燃倾向性判定指数，无量纲；

$I_{c_{O_2}}$——煤样温度达 70 ℃时煤样出气口氧气浓度指数，无量纲；

$I_{T_{cpt}}$——煤在程序升温条件下交叉点温度指数，无量纲；

c_{O_2}——煤样温度达 70 ℃时煤样罐出气口的氧气浓度，%；

T_{cpt}——煤在程序升温条件下的交叉点温度，℃；

15.5——煤样罐出气口氧气浓度的计算因子，%；

140——交叉点温度的计算因子，℃；

$\varphi_{c_{O_2}}$——低温氧化阶段的权数，取值为 0.6；

$\varphi_{T_{cpt}}$——快速氧化阶段的权数，取值为 0.4；

φ——放大因子，取值为 40；

300——修正因子；

T_S——煤最短自然发火期，h。

如表 2.2 所列，煤自燃倾向性指数 I 和煤最短自然发火期 T_S 随预氧化时间的增加呈现出先减小后增大的趋势，在预氧化 3 d 时达到最小值。其中在 9 种不同预氧化时间的煤样中，其自燃倾向性呈现 $I_{预氧化8\ d} > I_{预氧化6\ d} > I_{原煤} > I_{预氧化5\ d} > I_{预氧化1\ d} > I_{预氧化7\ d} > I_{预氧化4\ d} > I_{预氧化2\ d} > I_{预氧化3\ d}$。由于煤自燃倾向性指数与煤自燃难易程度之间呈负相关关系，因此预氧化 3 d 的煤样发生自燃的可能性最大。从煤最短自然发火期来看，预氧化 3 d 煤样所需时间最短，仅需 22 d。结合以上各项分析说明，预氧化 3 d 在不同的预氧化时间中能够使煤样最大可能地实现自燃。

表 2.2 不同预氧化时间煤的氧化动力学参数

预氧化时间	煤最短自然发火期 T_S/d	煤自燃倾向性指数 I	类别	描述
原煤	27	740	Ⅱ	自燃
预氧化 1 d	26	730	Ⅱ	自燃
预氧化 2 d	24	672	Ⅱ	自燃
预氧化 3 d	22	638	Ⅱ	自燃
预氧化 4 d	24	673	Ⅱ	自燃
预氧化 5 d	27	738	Ⅱ	自燃
预氧化 6 d	29	783	Ⅱ	自燃
预氧化 7 d	25	709	Ⅱ	自燃
预氧化 8 d	30	800	Ⅱ	自燃

2.2.3 不同预氧化时间煤活性官能团变化规律

利用傅里叶红外光谱仪对不同预氧化时间下的煤微观结构进行扫描，2 800～3 000 cm^{-1}波段的吸光度如图 2.9 所示。—CH_3、—CH_2和—CH 是促进煤自燃的决定性官能团。—CH_3、—CH_2和—CH 具有 5 个峰，分别是—CH_2在 2 841 cm^{-1} 和 2 923 cm^{-1} 处的反对称振动、—CH_3 在 2 866 cm^{-1} 和 2 952 cm^{-1} 附近的反对称振动、—CH 在 2 896 cm^{-1}附近的反对称振动。

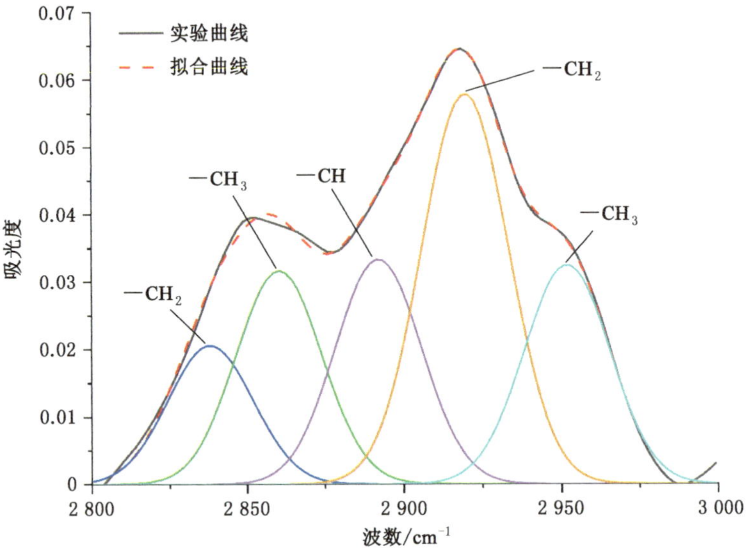

图 2.9　基团在 2 800～3 000 cm^{-1}波段的吸光度

采用 Fit 4.0 软件来进行精确的分峰，以此来评价官能团的含量。2 800～3 000 cm^{-1}范围内官能团的类型、位置和峰面积见表 2.3。发现—CH_2和—CH_3的峰面积整体上随预氧化时间的增加先增大后减小再增大，而—CH 的峰面积整体上呈现增大趋势。原煤—CH_2和—CH_3的峰面积分别为 1.53 和 1.14，占总峰面积的80.42%。预氧化 3 d 煤样的—CH_2和—CH_3的峰面积分别为 2.70 和 2.21，占总峰面积的 81.02%，而其—CH 的峰面积是原煤的 1.77 倍。

羟基在 3 200～3 700 cm^{-1}波段的吸光度如图 2.10 所示，其中羟基包括波数为 3 200～3 500 cm^{-1}的分子间缔合氢键、3 613～3 624 cm^{-1}的分子内氢键以及 3 684～3 697 cm^{-1}的游离羟基。煤样羟基峰面积如图 2.11 所示。游离羟基

表 2.3　不同预氧化时间煤的氧化动力学参数

预氧化时间	峰面积				
	—CH_2		—CH_3		—CH
	2 841 cm^{-1}	2 923 cm^{-1}	2 866 cm^{-1}	2 950 cm^{-1}	2 896 cm^{-1}
原煤	0.55	0.98	0.56	0.58	0.65
预氧化 1 d	0.59	1.05	0.62	0.68	0.69
预氧化 2 d	0.70	1.32	0.65	0.89	0.79
预氧化 3 d	0.71	1.99	1.09	1.12	1.15
预氧化 4 d	0.53	0.95	0.44	0.55	0.56
预氧化 5 d	0.62	1.08	0.53	0.62	0.69
预氧化 6 d	0.62	1.13	0.59	0.70	0.72
预氧化 7 d	0.61	1.21	0.58	0.83	0.66
预氧化 8 d	0.88	1.11	0.76	0.79	0.77

和分子内氢键的峰面积随预氧化时间的增加基本上呈现先增大后减小趋势，原煤的游离羟基和分子内氢键峰面积分别为 0.39 和 1.07，其中游离羟基的峰面积在预氧化 5 d 时达到峰值，分子内氢键的峰面积在预氧化 6 d 时达到最大值，随着羟基含量增加，煤氧复合反应逐渐加速。

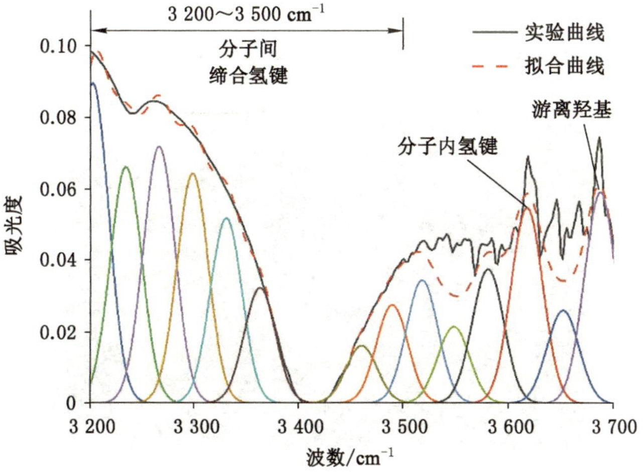

图 2.10　烃基在 3 200～3 700 cm^{-1} 波段的吸光度

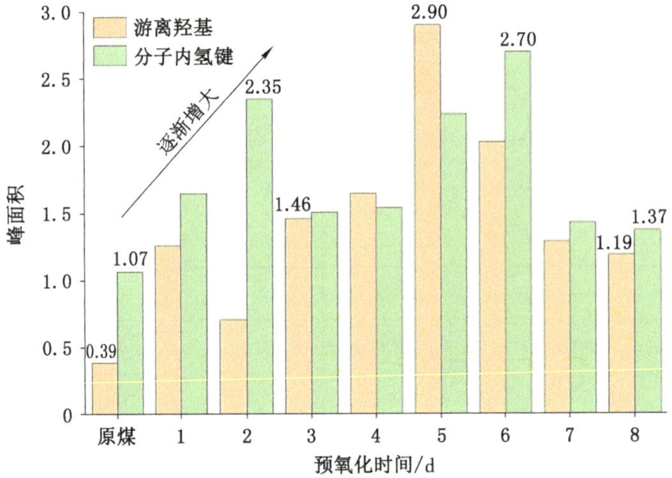

图 2.11　羟基峰面积随预氧化时间的变化

2.3　不同粒径对预氧化煤自燃特征参数影响研究

利用不同孔径的标准筛筛分出质量不少于 40 g 的 7～20 mm(小于 3 目)、4～7 mm(3～5 目)、2.5～4.0 mm(5～8 目)、1.6～2.5 mm(8～12 目)、1.4～1.6 mm(12～14 目)、小于 1.4 mm(大于 14 目)6 种不同粒径的煤样进行备用(图 2-12),由 2.2 节可知,预氧化 3 d 的煤样发生氧化自燃的可能性最大,因此

图 2.12　不同粒径煤样

将上述 6 种煤样做预氧化处理，时间为 3 d。将预氧化好的煤样按照粒径从大到小的顺序进行编号备用，分别为 1#、2#、3#、4#、5#、6#。

2.3.1 不同粒径预氧化煤温升特性变化规律

图 2.13 展示了交叉点温度和时间随煤样粒径的变化趋势。1#、2#、3#、4#、5#、6# 煤样的交叉点温度分别为 175.4 ℃、167.6 ℃、161.6 ℃、160.4 ℃、160.3 ℃、154.5 ℃，交叉点时间分别为 163 min、160 min、149 min、148 min、144 min、140 min。其中 3# 煤样粒径之后，交叉点温度与时间的降幅由原来的 7.87% 和 8.59% 突然变缓至 4.39% 和 6.04%。这里可以看出，煤样粒径的减小使得煤样自热氧化的能力呈现出不断增大的趋势，且在 3# 煤样出现断崖式变化，在 3# 煤样粒径之后变化幅度减小。

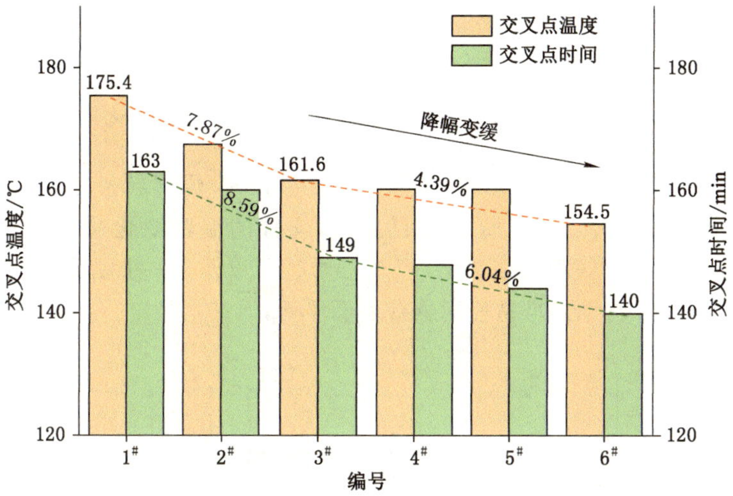

图 2.13 交叉点温度和时间随煤样粒径的变化

120 min 时的温度（$T_{120\ min}$）和终态温度随煤样粒径变化趋势如图 2.14 所示。随着煤样粒径的减小，$T_{120\ min}$ 由 1# 煤样的 97.5 ℃ 升高至 3# 煤样的 110.1 ℃后，又缓慢升高至 121.3 ℃，其中 1#～3# 煤样的变化速率为 6.3，而 3#～6# 煤样的变化速率为 3.5；终态温度由 1# 煤样的 185.9 ℃迅速升高至 4# 煤样的 282.1 ℃，又缓慢升高至 298.9 ℃，其中 1#～4# 煤样的变化速率为 32.4，而 4#～6# 煤样的变化速率为 8.4。

图 2.15 显示煤样从交叉点到终态的温度变化速率也具有同样的规律性，1#～6# 煤样的温度变化速率分别为 0.38 ℃/min、0.95 ℃/min、1.71 ℃/min、

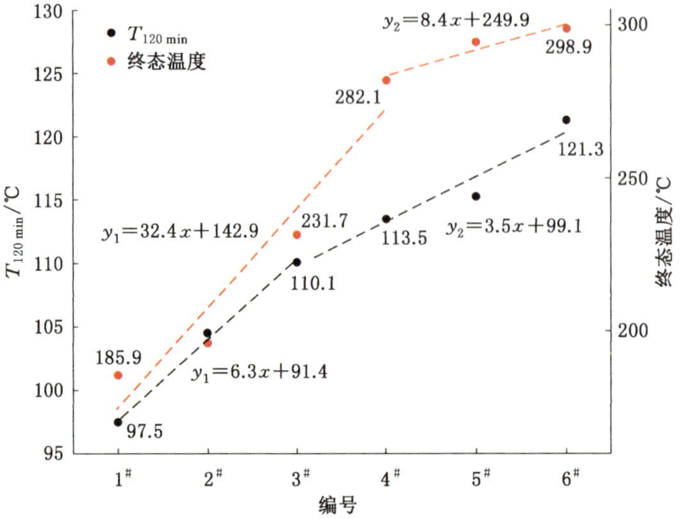

图 2.14　120 min 温度和终态温度随煤样粒径的变化

2.91 ℃/min、2.92 ℃/min、2.89 ℃/min。其中在 4# 煤样粒径之前，温度变化速率保持大幅度上升，而 4# 煤样粒径之后，煤样的温度变化速率基本稳定在 2.90 ℃/min 左右。这里可以看出，4# 煤样粒径可以作为一个临界点，在此粒径之后的煤样，煤样自燃的难易程度虽有上下浮动，但基本稳定。

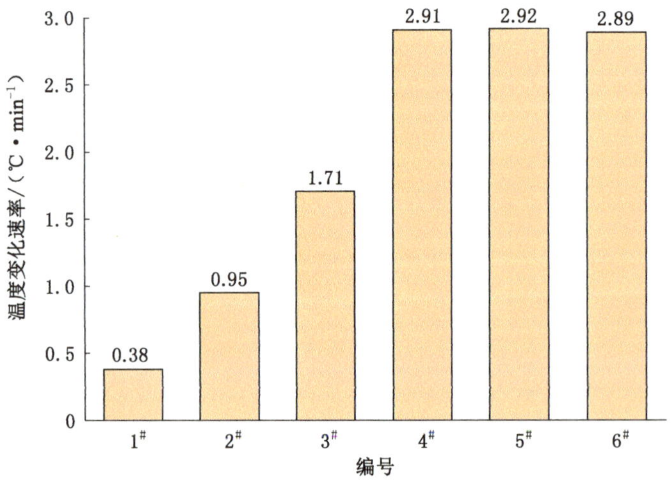

图 2.15　交叉点到终态的温度变化速率随煤样粒径的变化

2.3.2 不同粒径预氧化煤指标气体变化规律

CO 和 CO_2作为煤氧化反应的主要产物，出口 CO 和 CO_2浓度越高说明了煤氧化反应所需要的氧气也就越多，煤氧反应越剧烈。图 2.16 展示了 CO 和 CO_2终态浓度随煤样粒径的变化趋势，随着煤的粒径的减小，CO 和 CO_2终态浓度逐渐增高，其中，在 4# 煤样粒径之后，CO 和 CO_2终态浓度变化均明显变缓。煤自燃的难易程度与煤的粒径大小成反比，相同情况下粒径小的煤样要比粒径大的煤样更容易发生自燃，但在 4# 煤样粒径之后变化变缓。

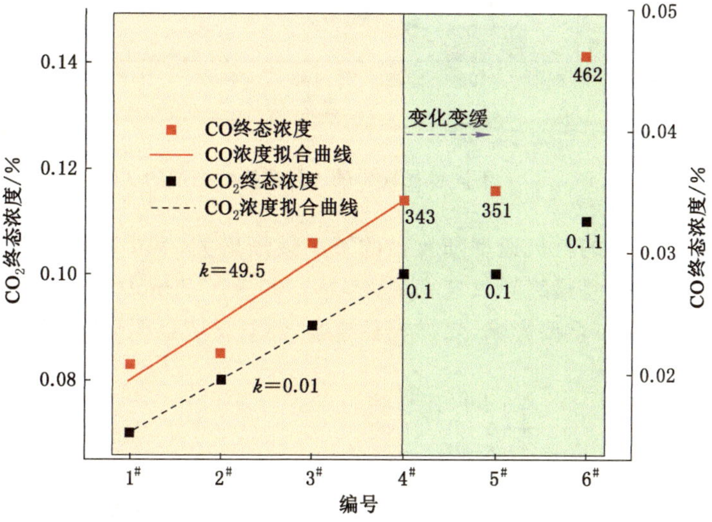

图 2.16 不同粒径煤样 CO_2、CO 终态浓度的变化

图 2.17 展示了不同粒径煤样的乙烯浓度随温度的变化规律。不同粒径的煤样随着温度的升高，乙烯开始产生的温度不同，即干裂温度不同。小于 3 目、3～5 目、5～8 目、8～12 目、12～14 目、大于 14 目的煤样开始产生乙烯的温度分别为 105 ℃、105 ℃、105 ℃、100 ℃、105 ℃、95 ℃，煤样粒径越小，干裂温度越低。在 150 ℃之后乙烯浓度的升高变化趋势比较显著，煤样粒径越小，变化趋势越明显，且大于 14 目煤样的乙烯浓度最先达到 0.02%，其次是 12～14 目的煤样。

煤样耗氧速率随温度变化趋势如图 2.18 所示。各粒径煤样的耗氧速率随着温度的升高逐渐增大，升高速度呈先慢后快的趋势。这种现象说明，随着温度的上升，各煤样氧化所需的氧气量也在逐渐增大，煤氧反应加速。相同温度情况

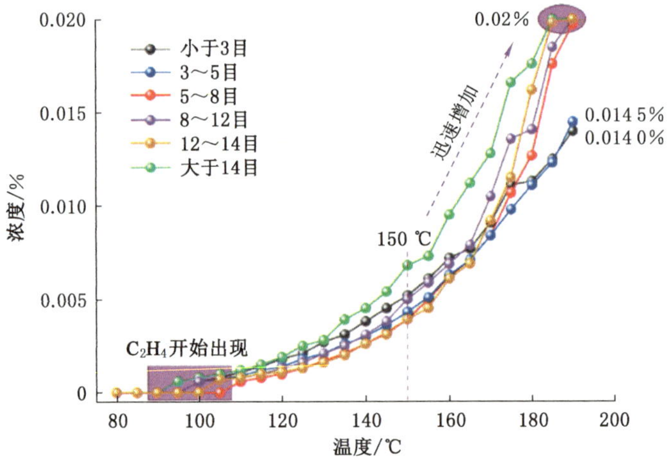

图 2.17　不同粒径煤样的乙烯浓度随温度的变化

下，不同粒径煤样的耗氧速率随粒径的减小逐渐增大，其中粒径大于 14 目的煤样最先开始耗氧，且最终耗氧速率最大，为 1.09×10^{-4} mol/(cm^3 · s)，说明煤的粒径对煤氧反应有重要影响，煤样粒径越小，煤氧反应越明显，越容易自燃。

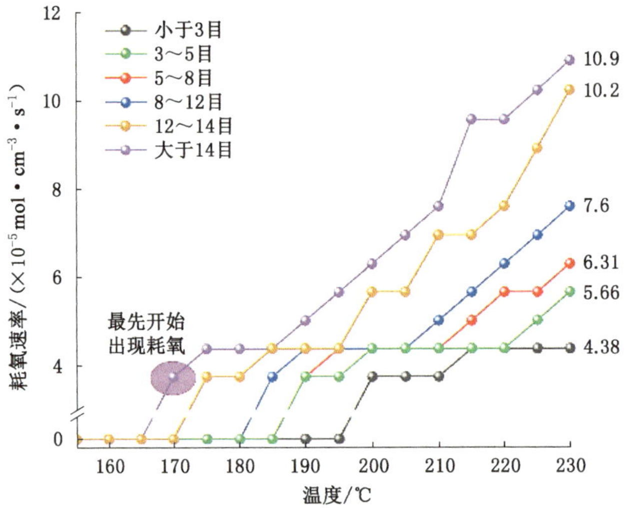

图 2.18　不同粒径煤样的耗氧速率随温度的变化

2.4 本章小结

(1) 研究预氧化时间 0～8 d 煤样的氧化特征参数变化规律,发现交叉点时间和梯度点时间均呈现出先减小后增大趋势,在预氧化 3 d 时达到最小值,此时交叉点温度与原煤的相比下降了 5.64%。同时预氧化 3 d 的煤样 CO_2 释放速率以及耗氧速率最大,即预氧化 3 d 煤样的自热氧化能力最强,煤自燃倾向性最显著。

(2) 扫描不同预氧化时间下的煤样微观结构,发现—CH_2 和—CH_3 的峰面积整体上随预氧化时间的增加先增大后减小再增大,—CH 的峰面积整体上呈现增大趋势。游离羟基和分子内氢键的峰面积均随预氧化时间的增加基本上先增大后减小,羟基含量的增加提升了煤氧复合反应速率。

(3) 分析不同粒径下预氧化 3 d 煤样氧化规律,煤样粒径越小,交叉点温度越低,终态温度越大,煤的自燃性越强。不同粒径煤样的耗氧速率和乙烯浓度,随着煤样温度的上升,从缓慢增加变为急剧增加,粒径越小变化趋势越明显,且煤样粒径在大于 8～12 目后变化缓慢。

3 泥浆堵漏防灭火效能评估及配比优化研究

开滦集团下属矿区广泛采用注浆防灭火，在采空区上下隅角附近进行埋管灌浆工艺，在工作面架间采用插管注浆，在部分裂隙发育的巷道壁面采用喷浆作业。注浆(喷浆)过程在对氧化煤体进行降温的同时，还可以对氧化煤体进行有效包裹，阻断外部氧气进入煤体。同时，东欢坨煤矿正在推行沿空留巷技术，范各庄煤矿和钱家营煤矿也在规划采用沿空留巷技术，由于在沿空侧采空区漏风严重，因此在沿空侧进行喷浆堵漏具有重要的现实意义，为此本章系统性开展了泥浆防灭火堵漏效能评估及配比优化研究，提出漏风量、悬浮性、流动性和流变性评价指标，对泥浆的堵漏能力进行评估，并对不同水灰比情况进行优化设计，确定最优的泥浆浓度，为开滦矿区的注浆(喷浆)提供了重要的理论依据。

3.1 不同水灰比泥浆漏风效果差异分析

为评价泥浆对沿空留巷采空区侧的堵漏效果，搭建设计了泥浆堵漏实验测试平台，开展不同配比下泥浆对多孔介质空间漏风量的影响。实验平台采用风机供给稳定风量，连续通过多孔介质松散煤体区，多孔介质两侧分别表示沿空留巷的沿空侧和采空区内侧。泥浆采用水与灰机械均匀混合，设计水灰比为1∶0.2～1∶2，通过监测煤体两侧的风速大小，评估不同浓度泥浆对松散煤体空间的漏风封堵情况。

3.1.1 泥浆制备及漏风测量装置结构

用天平分别称出质量为200 g、250 g、330 g、500 g、1 000 g、2 000 g的黄土并分别放置在质量为1 000 g的水的量筒中，配备成水灰比为1∶0.2、1∶0.25、1∶0.33、1∶0.5、1∶1、1∶2的泥浆，充分混合搅拌至无颗粒状，注入泥浆封堵测试装置中。泥浆封堵测试装置是由长1.0 m、宽0.57 m、高0.57 m的箱体组成。其中箱体分为三部分，第一部分箱体长为0.3 m，为泥浆厚度测量段，泥浆厚度测量段上部开有小孔，方便注入泥浆；第二部分箱体长为 0.2 m，为模拟采空区段，其中放置开滦集团钱家营矿井的煤块，在模拟采空区段前后放置筛网，用小木条固定，在不阻挡进风条件下实现煤块的固定；第三部分箱体长为 0.5 m，为风速测量段，风速测量仪放置在箱体正中心位置，以便测量风速。这三部分采用胶带连接。如图 3.1 所示。

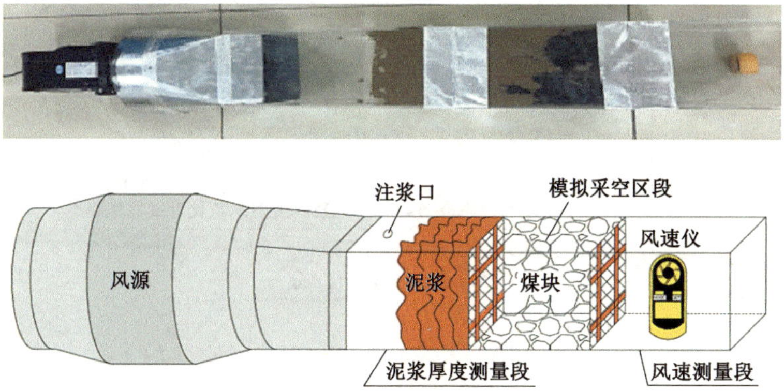

图 3.1　裂隙封堵实验装置图

3.1.2　不同水灰比泥浆漏风强度变化规律

由实验可知，轴向漏风速度随注入泥浆厚度的增加而降低，随水灰比的减小而减小。未注入泥浆时，风机的风穿过煤层后测得风速为 6 m/s，随着注入泥浆厚度的不断增加，风速整体逐渐降低；在注入泥浆厚度相同时，随着水灰比的不断升高，轴向漏风速度不断减小，且达到完全封堵所需厚度不断减小。当水灰比为 1∶0.2 时，完全封堵所需注入泥浆厚度为 2.46 cm，当水灰比为 1∶2 时，完全封堵所需注入泥浆厚度为 1.68 cm；水灰比为 1∶0.33 时，轴向漏风速度减小最快，且达到完全封堵所需厚度为 1.94 cm，相对于其他水灰比的泥浆用料更省，流动性较强，便于运输。如图 3.2 所示。

由图 3.3 可以看出，轴向漏风速度随水灰比的减小而减小。当水灰比为 1∶0.2 时，轴向漏风速度为 2.8 m/s，漏风量较大；增加黄泥质量至水灰比为 1∶0.33 时，轴向漏风速度为 0.9 m/s，相较水灰比为 1∶0.2 时轴向漏风速度下降了 68%，下降幅度较大；水灰比为 1∶0.33 和 1∶0.5 时轴向漏风速度近乎相同，无明显下降；增加黄泥质量至水灰比为 1∶2 时轴向漏风速度下降至 0.6 m/s，相较水灰比为 1∶0.33 时轴向漏风速度下降了 33%，下降幅度

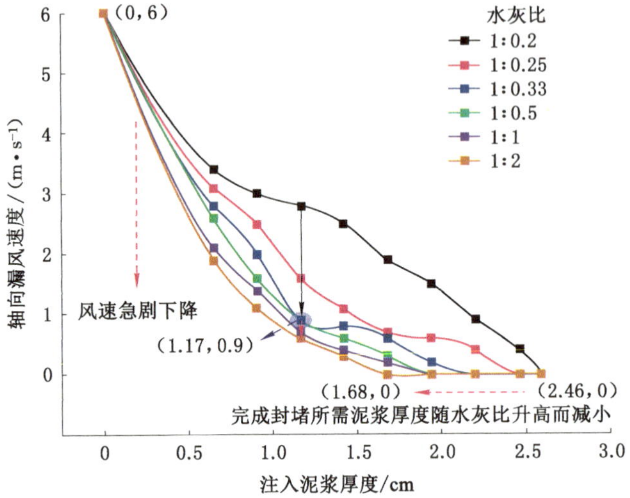

图 3.2 轴向漏风速度在不同水灰比下随泥浆厚度的变化

较小。综上所述,水灰比为 1∶0.33 时轴向漏风封堵效果明显且黄泥用料较省。

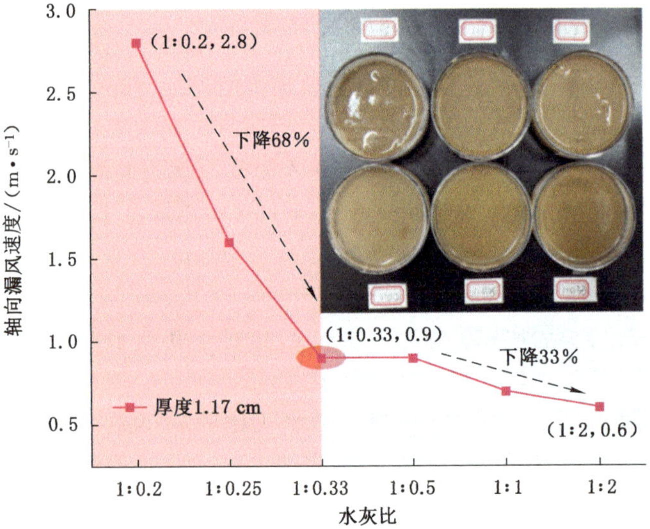

图 3.3 不同水灰比下轴向漏风速度的变化

由图 3.4 可以看出，当水灰比较大时，泥浆干燥后硬度较小，增加黄泥用量至 1∶0.33，硬度增加至 287 Pa，增加了 2.34 倍；当水灰比超过 1∶0.33 后，泥浆硬度呈下降趋势，在水灰比为 1∶0.33 时硬度最高。水灰比减小，泥浆的保水率下降，造成水泥浆的黏聚性变差，气孔增多，出现保水能力不足，致严重的析水、分层离析，并使混凝土强度和耐久性降低；增加黄土用量后泥浆流动性降低，不利于井下管道运输，容易造成堵塞。综上所述，当水灰比为 1∶0.33 时硬度最高，能够对漏风起到相应封堵效果。

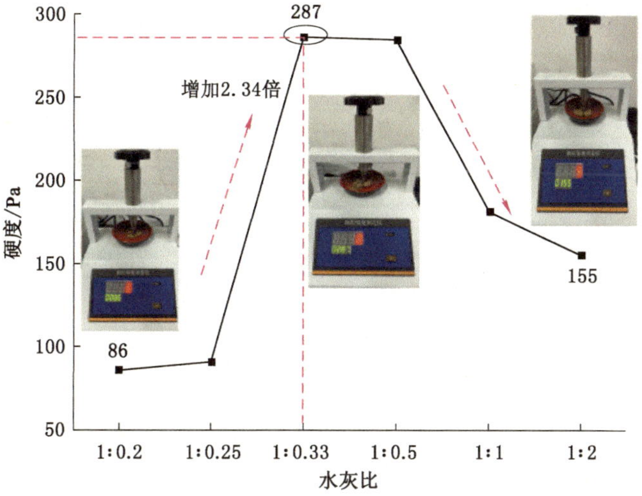

图 3.4 不同水灰比下硬度的变化

由图 3.5 可知，在注入泥浆厚度相同时，随着预氧化时间的增加，不同水灰比泥浆漏风量均呈增长趋势。当水灰比为 1∶0.2 和 1∶0.25 时，漏风量较大，不满足封堵条件；水灰比为 1∶0.33 时，随着预氧化时间的增加，轴向漏风量逐渐增大，漏风变化率为 52%；增加水灰比至 1∶1，随着预氧化时间的增加，泥浆表面裂隙不断增多，当预氧化时间达到 30 min 时，漏风量骤升，整体漏风变化率为 65%；增加水灰比至 1∶2，随着预氧化时间的增加，在 20 min 时，漏风量急剧变化，相较于水灰比 1∶1 的提前了 10 min。这是因为随着黄土比例的增加，泥浆保水率下降，对于泥浆的聚合能力下降，在预氧化条件下更快且更易产生裂隙，封堵效果较差；而当水灰比较大时，随着预氧化时间增加，水分蒸发较快，封堵厚度不断减小，对于堵漏效果大打折扣。综上所述，当水灰比为 1∶0.33 时封堵效果明显。

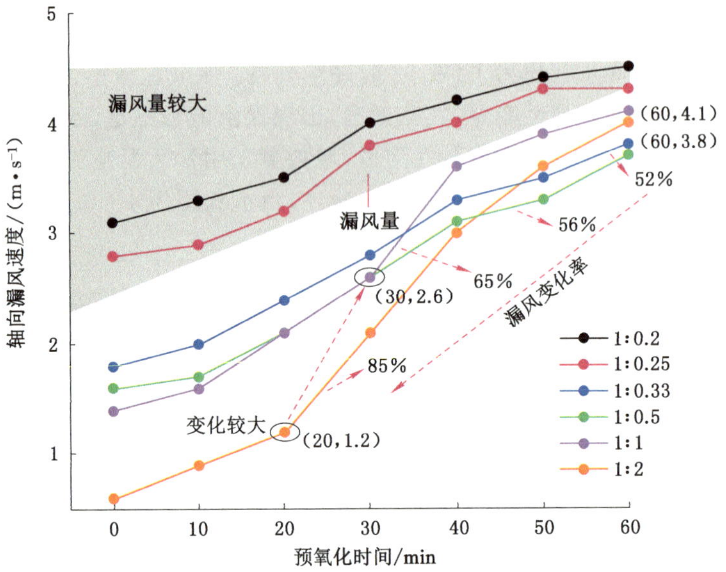

图 3.5　轴向漏风速度随预氧化时间的变化

3.2　添加不同含量悬浮剂泥浆性能分析

现场实际应用中,用于配制泥浆的黄土等原材料的颗粒不均匀,泥浆的流速随管道排布情况而变化。并且泥浆颗粒在管道竖截面上的粒径分布具有一定的规律性,越往下颗粒越大,呈现出一定的梯度变化。当管道拐弯或直径突然变大时,泥浆流速就会减小,此时,竖截面下方大粒径的固体颗粒就会沉积,造成堵管。而悬浮剂的作用就在于可以提高泥浆颗粒的悬浮性,以此达到泥浆减阻的目的。

3.2.1　不同悬浮剂添加量泥浆悬浮性规律分析

泥浆含水量较大,大粒径黄土颗粒在自身重力作用下容易下沉,形成沉淀层造成堵管,影响泥浆在管道内的正常流动。泥浆添加不同配比的悬浮剂后,自身的悬浮效果会大大提升,析水层会明显减小。因此,测试不同悬浮剂添加量的泥浆悬浮效果,如图 3.6 所示。取 6 个容量 250 mL 的烧杯,分别量取 20 g、25 g、33 g、50 g、100 g、200 g 的黄土,向各个烧杯中添加量好的 100 mL 的水配制成水灰比为 1∶0.2、1∶0.25、1∶0.33、1∶0.5、1∶1、1∶2 的泥浆,向各组泥浆中分别添加 0.1%、0.2%、0.3%、0.4%、0.5%、0.6%的悬浮剂,静置一定时间,观察其析水情况，对比泥浆静置不同时间段的析水体积与泥浆总体积的百分比，判断泥浆悬浮效果。

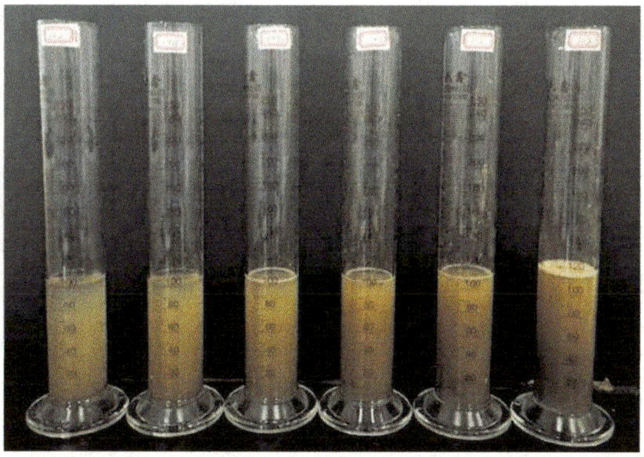

图 3.6 泥浆悬浮性测定示意图

自悬浮性是指泥浆中不添加悬浮剂时，静置一定时间后自身的析水情况。泥浆的自悬浮性考察的是泥浆本身的悬浮性能，可作为添加悬浮剂前后泥浆悬浮性的对比标准，是考察悬浮剂最佳添加量的重要依据。按照不同水灰比配制成的泥浆，其自悬浮性测定结果如表 3.1 所列。

表 3.1 泥浆自悬浮性分析实验结果

水灰比	不同静止时间析水体积所占比例/%					
	5 min	10 min	15 min	30 min	1 h	2 h
1∶0.2	30.21	48.60	51.13	55.43	60.89	67.98
1∶0.25	26.34	38.20	41.23	49.15	54.28	60.76
1∶0.33	19.34	28.56	31.44	42.20	47.23	53.67
1∶0.5	8.20	11.34	14.67	19.10	19.30	19.30
1∶1	—	—	—	5.50	5.80	5.80
1∶2	—	—	—	—	1.50	1.50

注：表中“—”表示不析水。

不同水灰比的泥浆自悬浮性差别很大，并且黄土所占比例越大，自悬浮效果越好。15 min 是泥浆输送的关键时间点，故以 15 min 来考察泥浆自身的悬浮效果。静置 15 min，水灰比 1∶0.2 的泥浆析出 51.13%的水，水灰比 1∶0.25 的泥浆析出 41.23%的水，水灰比 1∶0.33 的泥浆析出 31.44%的水，水灰比 1∶0.5 的泥浆析出 14.67%的水，水灰比达到并超过 1∶1 之后，泥浆均未见明显析水。当水灰比达到1∶1,静置2 h,仅析出5.80%的水分。

由表3.2和表3.3可知,悬浮剂可以较好地改善泥浆的悬浮性能,并且悬浮剂的用量越大,泥浆的悬浮性越好。水灰比1∶0.2的泥浆添加悬浮剂以后,静置15 min,悬浮剂的添加量为0.1%时析出水分为45.5%,悬浮剂的添加量为0.3%时析出水分为17.5%,当悬浮剂的添加量增加到0.5%时析出水分为11.5%,小于自悬浮性实验泥浆同时刻析水量的一半,悬浮效果较好。继续增加悬浮剂的添加量,泥浆析出水分逐渐减少,但减少量不大,考虑到悬浮剂的经济效益,0.5%的悬浮剂添加量即可满足泥浆悬浮性的要求。故从悬浮性角度来考虑,水灰比1∶0.2的泥浆添加0.5%的悬浮剂即可。同样道理,水灰比1∶0.5的泥浆悬浮剂的最佳添加量为0.3%。

表3.2　水灰比1∶0.2的泥浆添加悬浮剂后的实验结果

悬浮剂添加量/%	不同静止时间析水体积所占比例/%					
	5 min	10 min	15 min	30 min	1 h	2 h
0.1	22.0	27.0	45.5	53.8	58.5	62.5
0.2	16.0	21.0	25.0	32.0	35.0	40.0
0.3	12.5	15.0	17.5	22.5	29.0	33.5
0.4	10.0	12.0	14.0	20.0	27.8	30.3
0.5	8.0	10.0	11.5	15.0	20.0	22.8
0.6	6.0	8.5	10.0	12.3	19.5	22.0

表3.3　水灰比1∶0.5的泥浆添加悬浮剂后的实验结果

悬浮剂添加量/%	不同静止时间析水体积所占比例/%					
	5 min	10 min	15 min	30 min	1 h	2 h
0.1	6.0	8.3	9.5	10.8	11.3	11.3
0.2	5.0	7.0	7.3	8.5	9.0	9.0
0.3	4.0	5.0	5.3	6.0	5.5	5.5
0.4	2.0	3.0	3.8	5.0	5.0	5.0
0.5	1.5	1.5	3.0	4.0	5.0	5.0
0.6	—	—	—	—	5.0	5.0

注:表中“—”表示不析水。

3.2.2　不同悬浮剂添加量泥浆流动性差异分析

泥浆在地面配制完成后，需要经过灌浆管道输送到井下，配制好的泥浆要具有良好的流动性才能满足井下灌浆工艺的要求。实验过程中参照黄土复合胶体流动性测定实验研究泥浆的流动效果，如图 3.7(a)所示。将添加了悬浮剂并搅拌好的泥浆注入模具内，将模具沿竖直方向快速提起，同时观察泥浆在玻璃板上的流动情况，大约半分钟后泥浆在玻璃板上不再扩散，此时，测量泥浆的流动度，如图 3.7(b)所示。

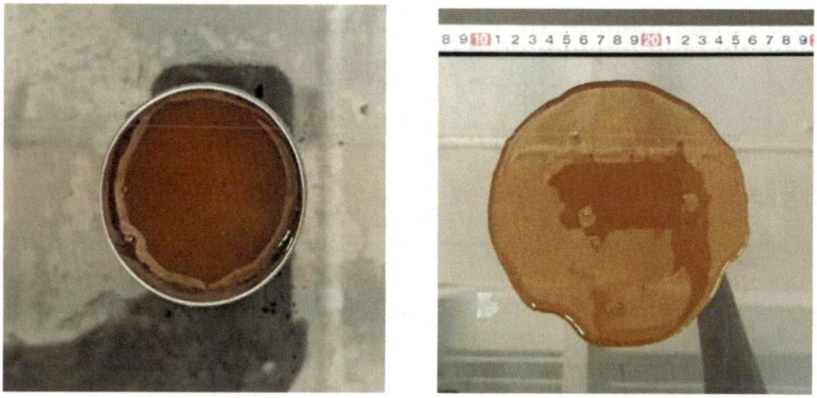

(a) 装满泥浆的模具　　(b) 测量泥浆的流动度

图 3.7　泥浆流动性测定示意图

以水灰比为 1∶2 的泥浆为例，其流动性与悬浮剂添加量的关系如图 3.8 所示。悬浮剂添加量为 0.1%、0.2%、0.3%、0.4%、0.5%、0.6%时，泥浆的流动度分别为 19.1 cm、18.0 cm、17.2 cm、16.7 cm、16.4 cm、15.5 cm。相同水灰比的泥浆，悬浮剂的添加量越多，泥浆的流动度越小，这可能是因为悬浮剂添加以后，其对泥浆的增稠效果改变了泥浆的黏度，从而使得泥浆在玻璃板上的流动度减小。

由表 3.4 和图 3.9 可知，不同水灰比的泥浆流动性不同，并且灰分所占比重越小，流动效果越好。同一悬浮剂添加量情况下，水灰比从 1∶0.2 到 1∶2，泥浆的流动度呈逐渐减小趋势，这可能是因为灰分比重越大，泥浆越稠，越不容易流动。为了保证泥浆的总体流动效果，不同水灰比的泥浆需要的最佳悬浮剂添加量不同。水灰比为 1∶0.2、1∶0.25 和 1∶0.33 的泥浆悬浮剂的添加量不应大于 0.5%，水灰比为 1∶0.5 和 1∶1 的泥浆悬浮剂的添加量不应大于0.3%，

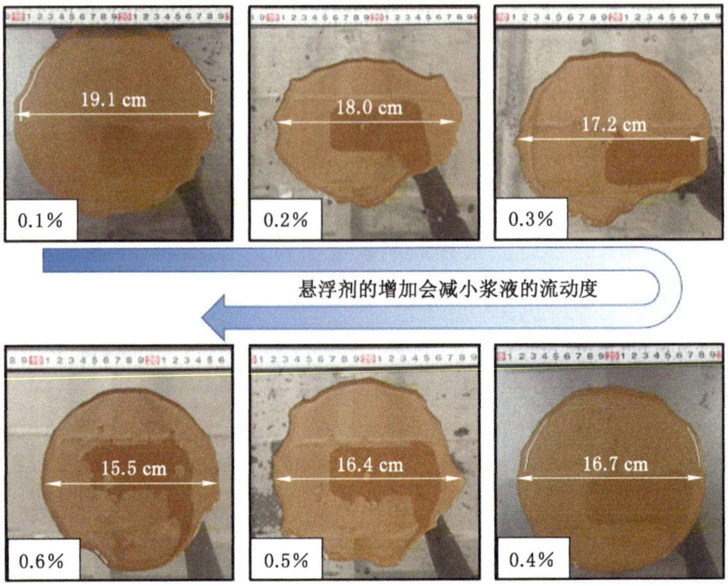

图 3.8 泥浆流动性与悬浮剂添加量的关系

水灰比为 1∶2 的泥浆悬浮剂的添加量不应大于 0.2%。

表 3.4 不同配比泥浆的流动度

悬浮剂添加量/%	不同配比泥浆的流动度/cm					
	1∶0.2	1∶0.25	1∶0.33	1∶0.5	1∶1	1∶2
0.1	56.7	52.8	47.9	38.1	34.5	19.1
0.2	49.9	45.1	38.2	34.4	26.1	18.0
0.3	46.3	41.6	35.9	30.2	23.6	17.2
0.4	35.6	31.4	28.0	25.7	18.9	16.7
0.5	31.7	29.4	26.6	24.9	18.5	16.4
0.6	27.5	25.0	22.2	20.0	17.1	15.5

3.2.3 不同悬浮剂添加量泥浆流变性差异分析

搭建一种泥浆流变性能测定装置，用来检测不同含量悬浮剂泥浆在覆盖煤表面时表观变化。实验装置如图 3.10 所示，可以实现在不同的倾斜角度下，测试泥浆的可堆积性和流变性。实验装置使用角度调节支架来固定玻璃板，用以

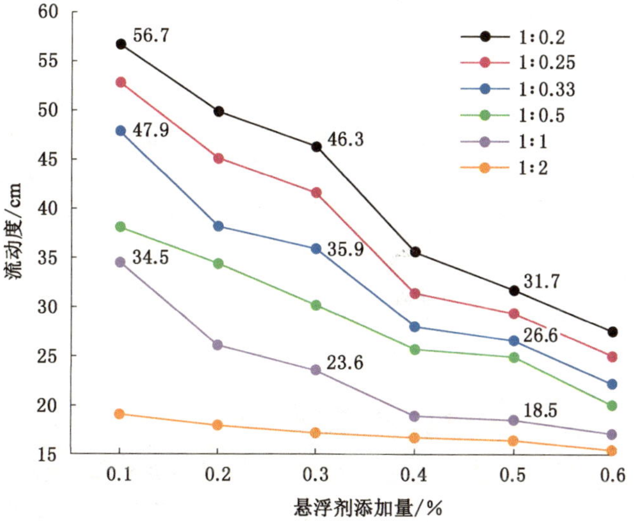

图 3.9 不同配比泥浆的流动度

分析不同角度下的泥浆流动情况，角度范围为 0°～90°，倾角选择 15°、25°、35°三种。观察泥浆在玻璃板上的流动情况，大约半分钟后泥浆在玻璃板上不再扩散，用玻璃板的侧面固定米尺测量泥浆的下降长度，重复实验三次计算平均值。

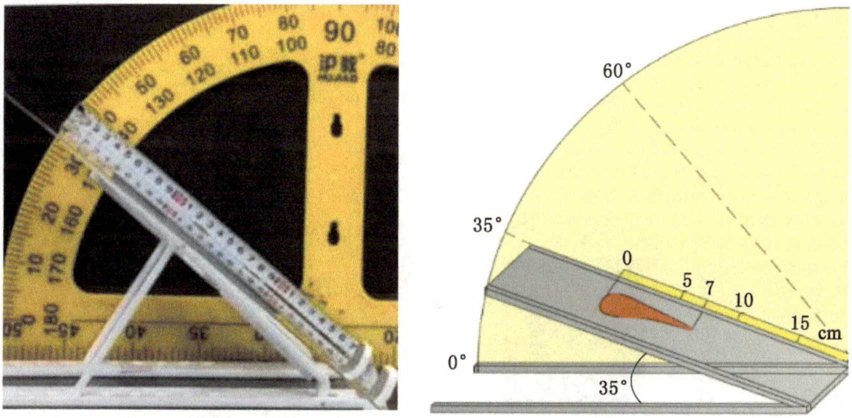

图 3.10 可控角度泥浆流变性测定装置

以 1∶1 水灰比的泥浆为例，泥浆下滑长度变化在图 3.11 中展示。在 15°倾角时，随着悬浮剂含量的增加，泥浆下滑的长度减小，但是泥浆下滑的时间会增大，这证明随着悬浮剂含量的增加，泥浆的下滑速度减慢，挂壁性能增强。其中悬浮剂含量为0.1%的泥浆下滑长度大概是悬浮剂含量为0.6%的泥浆下滑长度的2倍。

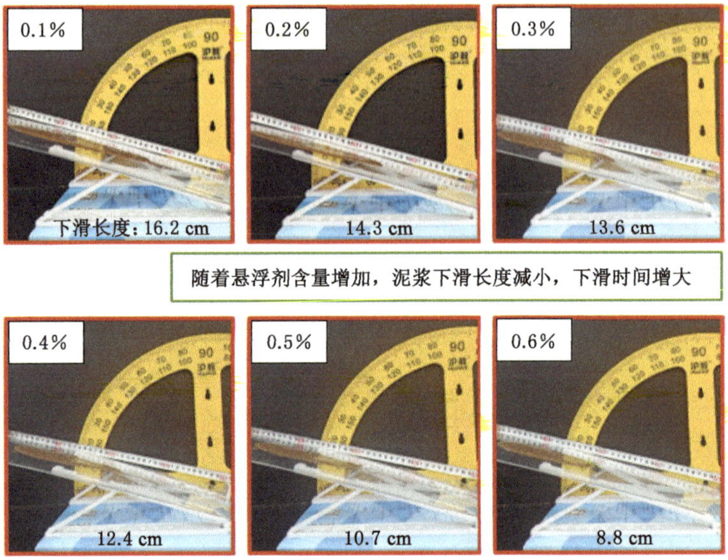

图3.11　泥浆下滑长度随悬浮剂含量的变化

由于玻璃板的长度有限，仅为30 cm，所以当泥浆下滑长度超过30 cm时，通过比较下滑时间的长短来评估悬浮剂含量对泥浆流动性的影响。如图3.12

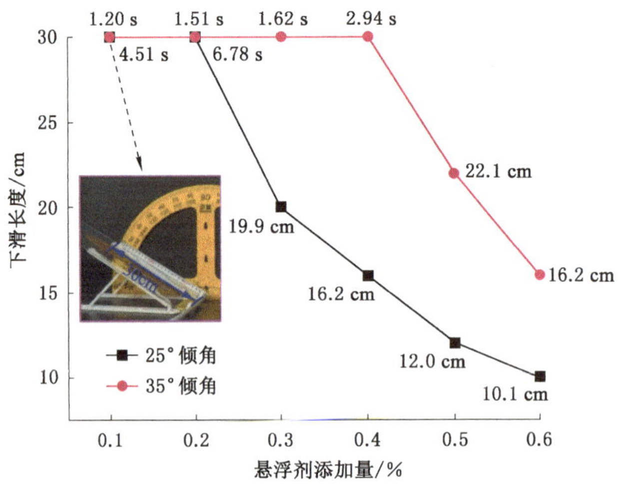

图3.12　下滑长度随悬浮剂添加量的变化

所示，可以看出悬浮剂含量为0.6%的泥浆的下滑长度相较于添加0.1%悬浮剂的泥浆来说很小，可以说是微乎其微。当倾角为25°时，随着悬浮剂含量的增加，泥浆下滑长度也不断减小，当悬浮剂含量小于或等于0.2%时，泥浆完全流出玻璃板，整个下滑时间分别为4.51 s、6.78 s。当倾角为35°、悬浮剂含量小于或等于0.4%时，随着悬浮剂含量的增加，泥浆下滑到底部所用时间不断增加，下滑时间分别为1.20 s、1.51 s、1.62 s、2.94 s；当倾角为35°、悬浮剂含量为0.5%时，下滑长度为22.1 cm；当倾角为35°、悬浮剂含量为0.6%时，下滑长度为16.2 cm。

3.3 本章小结

(1) 研究水灰比(1∶0.2、1∶0.25、1∶0.33、1∶0.5、1∶1、1∶2)对煤炭封堵效果影响，发现水灰比为1∶0.33时，泥浆保水率达到饱和，黏聚性最好，硬度最高。此时泥浆轴向漏风量较小，漏风变化率最低，不易产生裂隙，达到完全封堵所需厚度仅为1.94 cm，相较其他水灰比泥浆用料更省，流动性较强，便于运输。

(2) 以泥浆的析水体积与总体积的比值分析悬浮剂添加量对泥浆悬浮性影响，在水灰比一定时，悬浮剂的添加量与泥浆的悬浮效果呈正相关。在保证良好的悬浮效果前提下，泥浆存在最低悬浮剂添加量，水灰比1∶0.2的泥浆最低悬浮剂添加量为0.5%，水灰比1∶0.5的泥浆悬浮剂的最低添加量为0.3%。

(3) 综合考虑泥浆的悬浮性、流动性和流变性三个参数，确定泥浆的悬浮剂添加量应为：水灰比为1∶0.2、1∶0.25和1∶0.33的泥浆悬浮剂的添加量不应大于0.5%，水灰比为1∶0.5和1∶1的泥浆悬浮剂的添加量不应大于0.3%，水灰比为1∶2的泥浆悬浮剂的添加量不应大于0.2%。

4 $CaCl_2$阻化剂及新型复合钙化泡沫自燃防控技术研究

目前开滦集团唐山和内蒙古矿区在预防采空区煤自燃方面，普遍采用$CaCl_2$阻化剂，但存在覆盖范围有限，阻化效率低的问题。本章旨在从提出优异性价比的$CaCl_2$阻化剂配比和开展新型复合钙化泡沫自燃防控技术研究两个方面解决上述问题。系统性地开展了$CaCl_2$阻化剂阻燃性、保水性、吸水性实验，确定性价比最高的$CaCl_2$质量分数和含水率。提出析液量、耐燃性指标衡量新型复合钙化泡沫的热稳定性和燃烧抑制性，并在程序升温实验中评估钙化泡沫对温度和致灾气体产生的削弱效果。新型复合钙化泡沫可依托注$CaCl_2$阻化剂管道注入，为开滦矿区煤自燃防治提供性能优良的材料。

4.1 $CaCl_2$阻化特性实验研究

4.1.1 $CaCl_2$对煤炭氧化升温行为影响

4.1.1.1 制备$CaCl_2$与煤样混合体

煤样采于钱家营煤矿，采用煤块中间核心未与空气接触位置，取好的煤样采用锤子砸碎，再用标准筛筛选出5～14目的煤样，将筛分好的煤样放于密封袋中保存，防止氧化。$CaCl_2$阻化剂来源于钱家营煤矿实际用品，样品形态呈现白色颗粒状，同样分封于密封袋内，防止其吸水溶解，如图4.1所示。由于$CaCl_2$本身具有一定的吸水作用，不能对其进行完全干燥，在采用$CaCl_2$样品中，首先称量其本身的含水率，采用卤素水分仪(图4.2)对$CaCl_2$样品的含水率进行测定，选取5 g $CaCl_2$样品放入干燥平台，在105 ℃的温度下，对$CaCl_2$样品进行含水率测定，最后的结果为自然情况下$CaCl_2$的含水率为15%左右。分别制备70 g含有质量分数为0、5%、10%、15%、20%、25%的$CaCl_2$的煤样样品，再确定最优的质量分数比之后，将$CaCl_2$中添加不同质量的去离子水，改变$CaCl_2$阻化剂中的含水率，分别为10%、20%、30%、40%、50%。

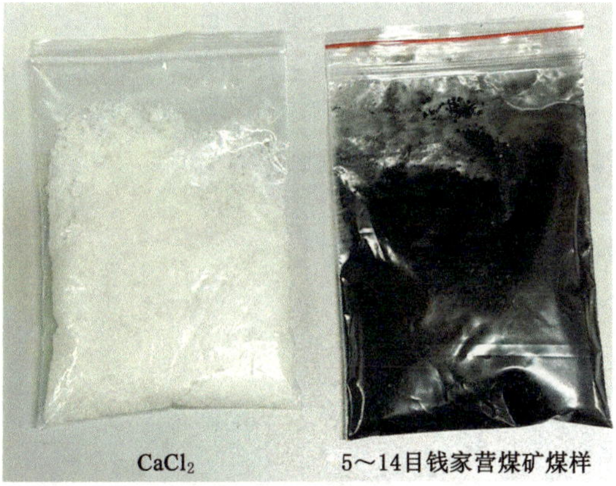

图 4.1　$CaCl_2$和煤样样品

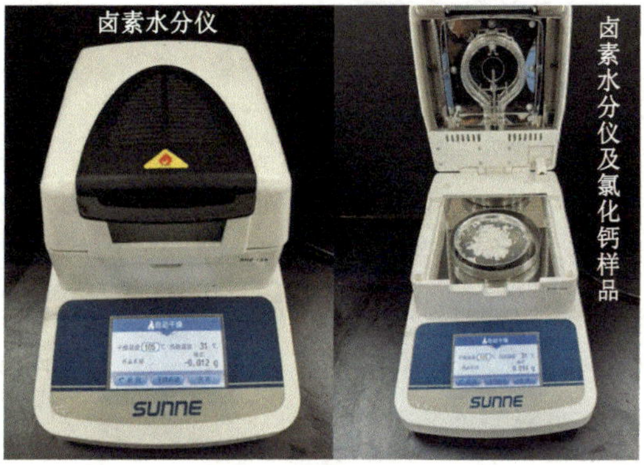

图 4.2　卤素水分仪

4.1.1.2　$CaCl_2$阻燃特性测定实验平台

为了检测出低温氧化阶段$CaCl_2$阻化剂对于采空区内煤炭不同深度自燃氧化反应的影响，本节通过搭建煤炭阻燃实验平台，在煤样中添加不同质量分数以及不同含水率的$CaCl_2$阻化剂，进行升温过程中煤样温度监测，评定不同质量分数和不同含水率$CaCl_2$的阻化效果。

实验平台如图 4.3 所示，可以实时监测煤样罐不同深度温度，整个实验装置包括三大部分：① 控温单元，由恒温加热台构成，加热范围为 0～400 ℃，此实验主要评定$CaCl_2$阻化剂对于煤炭自燃的阻燃效果，采取 150 ℃作为控温温度；② 温度监测单元，由热电偶及温度采集系统组成，共有 3 条测温通道，对应 3 个热电偶，热电偶的分布位置分别处于煤样罐内底部、中部、顶部，监测不同深度煤温情况；③ 煤样测试平台，由直径 5 cm、高 10 cm 的半开放铁质圆柱体制成，底部封闭，顶部开放，在其内部设置 3 个测温热电偶，间距为 3 cm，分别置于底部、中部和顶部。

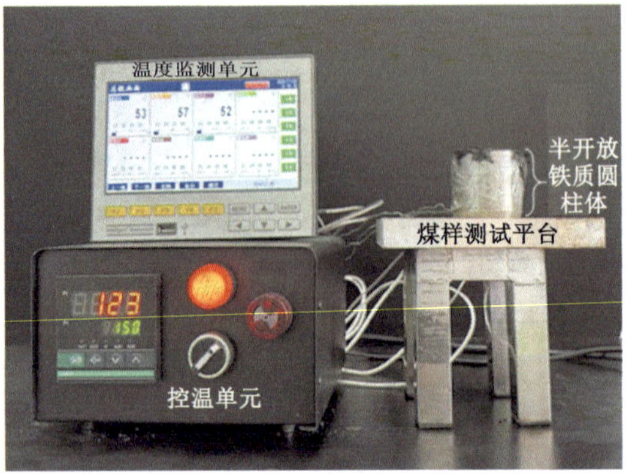

图 4.3　$CaCl_2$阻燃特性测定实验平台

使用 $CaCl_2$阻燃特性测定实验平台时，首先打开控温单元通过 PLC 数控面板设置恒温加热台的表面温度（150 ℃），等恒温加热台的表面温度达到预设温度后，将装有 $CaCl_2$阻化剂处理后煤样的半开放铁质圆柱体放置到恒温加热台中开始测定 $CaCl_2$阻化剂的阻化性能。使用 3 条测温通道，通过热电偶的测量温度变化来测试反应过程中煤样在加热条件下不同深度位置温度变化。实验开始后，利用温度采集系统每隔 2 min 记录圆柱体内 3 个位置煤样温度。

4.1.1.3　不同质量分数 $CaCl_2$阻化剂阻燃实验结果讨论

按照上述实验测定方法对 $CaCl_2$阻化剂的阻化性能进行测定。在 150 ℃的加热条件下，采用不同质量分数的 $CaCl_2$阻化剂对煤样进行阻化处理，利用热电偶测量 $CaCl_2$在阻化煤样时的实时温度，从而分析 $CaCl_2$的阻化进程。煤样的升温速率是煤自燃发展关键因素，煤样升温速率越慢，越有利于阻止煤自燃现象的发生。研究加入 $CaCl_2$阻化剂后煤样的温度变化对于防治煤自燃具有重要意义。

图 4.4 为圆柱体内底部的热电偶记录的煤样温度数据。从图中可以看出，升温阶段，煤样的温度变化为前期先快速升高，后期的升温速率减缓，在加热后的 1 h 内，各个煤样的温度从室温上升到 110 ℃以上。其中原煤在加热 1 h 后，温度达到 137 ℃，距离恒温加热台的设定值仅差 13 ℃。在煤样分别加入 5%、10%、15%、20%、25%的 $CaCl_2$阻化剂后，其加热 1 h 后的最终温度均小于原煤的最终温度，其中加入 5% $CaCl_2$的煤样最终温度为 130 ℃、加入 10% $CaCl_2$的

煤样最终温度为 127 ℃、加入 15% $CaCl_2$的煤样最终温度为 122 ℃、加入 20% $CaCl_2$的煤样最终温度为 121 ℃、加入 25% $CaCl_2$的煤样最终温度为 119 ℃。从最终温度可以看出，加入 $CaCl_2$阻化剂后对于煤样升温具有明显的抑制作用，随着 $CaCl_2$含量的增大，这种抑制作用更加显著。在加入 15%的 $CaCl_2$后，这种升温抑制作用虽然仍有提升，但是提升幅度较小，加入 20% $CaCl_2$的煤样最终温度仅比加入 15% $CaCl_2$的煤样最终温度低 1 ℃，加入 25% $CaCl_2$的煤样最终温度仅比加入 15% $CaCl_2$的煤样最终温度低 3 ℃，加入 15% $CaCl_2$的煤样最终温度相比于加入 5%、10% $CaCl_2$的煤样最终温度分别低 8 ℃、5 ℃，加入 $CaCl_2$超过 15%后，抑制强化作用显著减弱。

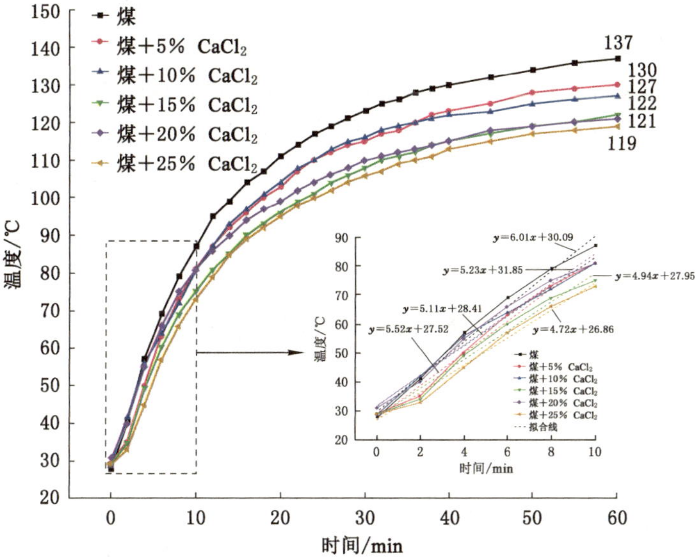

图 4.4　煤样底部温度随时间的变化(1)

由图 4.4 可以看出，前 10 min 温度上升速率较大，其上升温度可达到 1 h 上升温度的 50%以上，拟合前 10 min 的升温曲线分析其升温速率，来判断前期阻化剂对于煤样升温的影响。前 10 min 升温速率由大到小分别为原煤 $K=6.01$ ℃/min，加入 5% $CaCl_2$阻化剂的煤样 $K=5.52$ ℃/min，加入 20% $CaCl_2$阻化剂的煤样 $K=5.23$ ℃/min，加入 10% $CaCl_2$阻化剂的煤样 $K=5.11$ ℃/min，加入 15% $CaCl_2$阻化剂的煤样 $K=4.94$ ℃/min，加入 25% $CaCl_2$阻化剂的煤样 $K=4.72$ ℃/min，加入 25% $CaCl_2$阻化剂的煤样效果最优，其次为加入 15% $CaCl_2$阻化剂的煤样，说明加入 15%和 25% $CaCl_2$的煤样升温速率最低，对于煤自燃进程的阻断效果更好。

图 4.5 为圆柱体内中部的热电偶记录的煤样温度数据。从图中可以看出，升温阶段，煤样的温度变化为前期温度上升较慢，中期的升温速率较快，后期达到 90 ℃时，升温速率再次减慢，在加热后的 1 h 内，各个煤样的温度从室温上升到 80 ℃以上。原煤在加热 1 h 后，温度达到 96 ℃。煤样分别加入 5%、10%、15%、20%、25%的 $CaCl_2$阻化剂，并加热 1 h 后，其最终温度均小于原煤的最终温度，其中加入 5% $CaCl_2$阻化剂的煤样最终温度为 94 ℃、加入 10% $CaCl_2$阻化剂的煤样最终温度为 95 ℃、加入 15% $CaCl_2$阻化剂的煤样最终温度为 91 ℃、加入 20% $CaCl_2$阻化剂的煤样最终温度为 86 ℃、加入 25% $CaCl_2$阻化剂的煤样最终温度为 90 ℃。从最终温度可以看出，加入 $CaCl_2$阻化剂后对于煤样中部的升温也具有明显的抑制作用，随着 $CaCl_2$含量的增大，这种抑制作用更加有力。另外，在 10～30 min 内，温度上升速率较大，其上升温度可达到 1 h 上升温度的 60%以上，观察曲线可知在温度速升阶段原煤的升温速率以及温度始终大于加入 $CaCl_2$阻化剂煤样的，这说明 $CaCl_2$阻化剂的加入对于煤样中部的升温同样具有抑制作用。加入 20% $CaCl_2$阻化剂的煤样，其阻化效果最好。

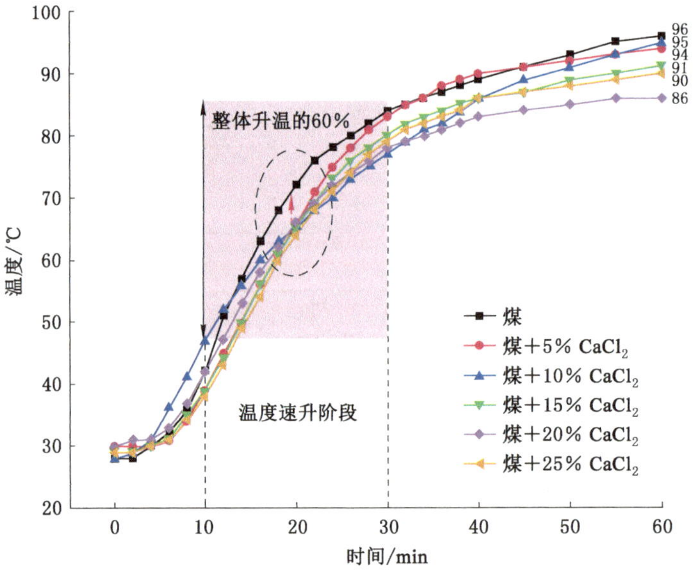

图 4.5　煤样中部温度随时间的变化(1)

图 4.6 为圆柱体内顶部的热电偶记录的煤样温度数据。从图中可以看出，升温阶段，煤样的温度一直缓慢上升，在 40 min 后，温度的变化趋势减慢，在加热后的 1 h 内，各个煤样的温度从室温上升到 60 ℃以上。其中原煤在加热 1 h 后，温度达到 68 ℃。煤样分别加入 5%、10%、15%、20%、25%的 $CaCl_2$阻化剂，

并加热 1 h 后，其最终温度均小于原煤的最终温度，其中加入 5% $CaCl_2$阻化剂的煤样最终温度为 67 ℃、加入 10% $CaCl_2$阻化剂的煤样最终温度为 65 ℃、加入 15% $CaCl_2$阻化剂的煤样最终温度为 63 ℃、加入 20% $CaCl_2$阻化剂的煤样最终温度为 65 ℃、加入 25% $CaCl_2$阻化剂的煤样最终温度为 61 ℃。从最终温度可以看出，加入 $CaCl_2$阻化剂后对于煤样顶部的升温抑制作用不是特别明显，最终温度仅相差几摄氏度，但是随着 $CaCl_2$含量的增大，也会产生抑制效果。从煤样来看，由于顶部与空气接触，氧气容易进入煤样中，在煤样表面发生轻微氧化作用，部分煤样发白，煤样表面温度差异不大的原因可能是由于煤样和空气接触，形成漏风通道，加速了煤样表面的散热，无法完美体现出 $CaCl_2$的阻化作用。结合 $CaCl_2$含量对煤样不同位置温度的影响及其成本，优选 15% $CaCl_2$阻化剂。

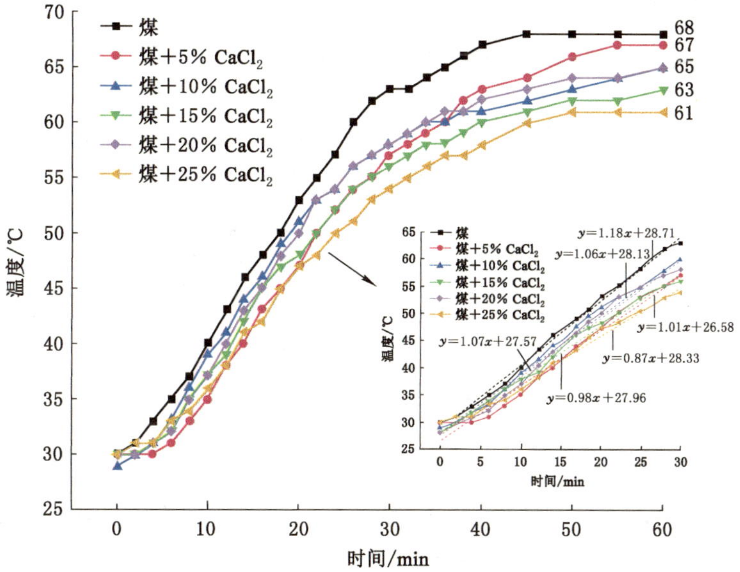

图 4.6　煤样顶部温度随时间的变化(1)

4.1.1.4　不同含水率 $CaCl_2$阻化剂阻燃实验结果讨论

采用上述同样的实验测定方法测定不同含水率的 $CaCl_2$对煤样的阻化性能。其中 $CaCl_2$质量分数采用上一节中优选出的 15%，这是相对阻化效果最佳且耗费材料最少的质量添加比。向 $CaCl_2$中依次溶解 1 g、2 g、3 g、4 g、5 g 的水，使其 $CaCl_2$的含水率分别为 10%、20%、30%、40%、50%。同时测量煤样 3 个部位的温度变化来反映不同含水率的 $CaCl_2$阻化剂对于煤自燃进程的影响。

图 4.7 为圆柱体内底部的热电偶记录的煤样温度数据。从图中可以看出，

升温阶段，煤样的温度变化为前期先快速升温，后期的升温速率减缓，在加热后的 1 h 内，各个煤样的温度从室温上升到 90～110 ℃，另外相比于未加入水分的 $CaCl_2$阻化剂的煤样，其达到升温温度的 60%时，耗费的时间为 16 min，相比于无水分的 $CaCl_2$煤样延后了 60%，这可以说明当 $CaCl_2$阻化剂在含有一定的水分时，可以更好地激发其阻燃效果。

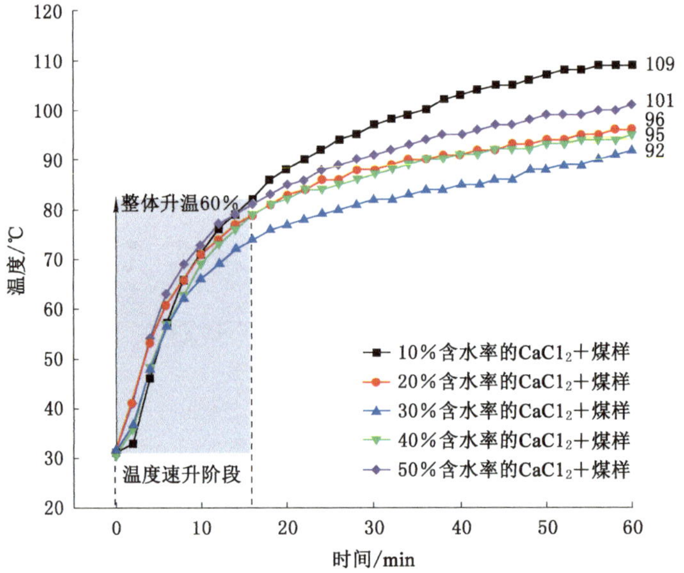

图 4.7　煤样底部温度随时间的变化(2)

其中无水分的 $CaCl_2$煤样在 1 h 后，温度达到 122 ℃，而加入含水率 10%、20%、30%、40%、50%的 $CaCl_2$阻化剂后，其 1 h 后的最终温度均小于无水分的 $CaCl_2$煤样的最终温度，其中加入含水率 10%的 $CaCl_2$的煤样最终温度为 109 ℃、加入含水率 20%的 $CaCl_2$的煤样最终温度为 96 ℃、加入含水率 30%的 $CaCl_2$的煤样最终温度为 92 ℃、加入含水率 40%的 $CaCl_2$的煤样最终温度为 95 ℃、加入含水率 50%的 $CaCl_2$的煤样最终温度为 101 ℃。从最终温度可以看出，加入带有水分的 $CaCl_2$阻化剂后对于煤样升温具有更强的抑制作用，随着含水率的增大，这种抑制作用先增强后减弱，这可能是因为较少的水分没有使 $CaCl_2$充分溶解，无法有效地与煤样进行接触，进而无法充分实现隔氧，从而导致虽有一定的阻化效果，但相比于较高含水率的 $CaCl_2$阻化剂的效果要差。通过实验数据还知，过高含水率的 $CaCl_2$阻化剂对煤样同样产生影响，在其受热时水分蒸发，一是减缓了煤温的上升，二是也间接地增大了煤的孔隙率，增加了煤氧接触的表面积，从而使氧气进入煤样的内部，从而给煤样自燃蓄热产生了条件。

图 4.8 为圆柱体内中部的热电偶记录的煤样温度数据。从图中可以看出，升温阶段，煤样的温度变化为前期温度上升较慢，中期的升温速率较快，后期达到 60～70 ℃时，升温速率再次减慢。加热 1 h 后，最终温度均小于无水分的 $CaCl_2$煤样的最终温度(91 ℃)，其中加入含水率 10%的 $CaCl_2$的煤样最终温度为 84 ℃、加入含水率 20%的 $CaCl_2$的煤样最终温度为 76 ℃、加入含水率 30%的 $CaCl_2$的煤样最终温度为 69 ℃、加入含水率 40%的 $CaCl_2$的煤样最终温度为 77 ℃、加入含水率 50%的 $CaCl_2$的煤样最终温度为 78 ℃。另外在缓慢升温的后期中，寻找 3 个连续基本不再升温的时间，可以发现，在含水率较高 $CaCl_2$处理的煤样，含水率在 20%、40%、50%其温度不再变化的时间为 36 min、38 min、36 min，但加入含水率 30%的 $CaCl_2$的煤样平稳温度为 66 ℃左右。

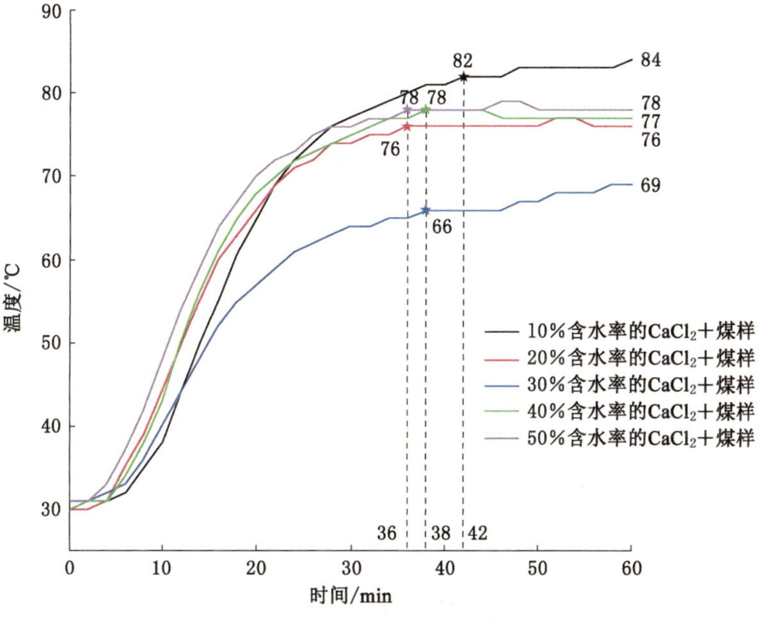

图 4.8 煤样中部温度随时间的变化(2)

图 4.9 为圆柱体内顶部的热电偶记录的煤样温度数据。从图中可以看出，升温阶段，煤样的温度一直缓慢上升，在 30 min 后，温度的变化趋势减慢。加入含水率 10%的 $CaCl_2$的煤样最终温度为 73 ℃、加入含水率 20%的 $CaCl_2$的煤样最终温度为69 ℃、加入含水率 30%的 $CaCl_2$的煤样最终温度为 59 ℃、加入含水率 40%的 $CaCl_2$的煤样最终温度为 67 ℃、加入含水率 50%的 $CaCl_2$的煤样最终温度为69 ℃。从图中还可以看出，加入含水率 30%的 $CaCl_2$的煤样，其升温速率远远小于其他水分含量的煤样的升温速率，这可能是因为 30%的水分含量有利于

隔绝热量在煤中竖直方向的传输，从而使其顶部的温度增长小于其他煤样的。

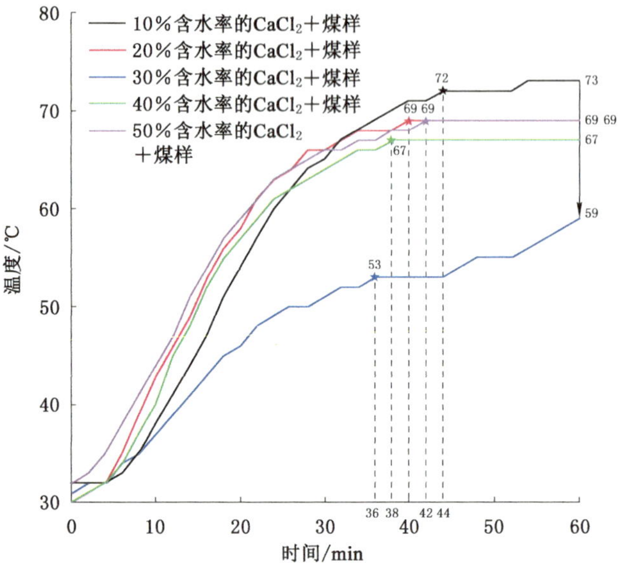

图 4.9　煤样顶部温度随时间的变化(2)

4.1.2　$CaCl_2$阻化剂保水性研究

4.1.2.1　实验仪器及实验过程

煤样的不同添加物影响着煤尘的保水性能，保水性能越好，水流失的越少，蒸发后留存的质量越多。称取固定质量煤粉与纯水、泥浆、$CaCl_2$充分搅拌，将混合样品置于 40 ℃加热条件下进行干燥(图 4.10)，在此后的 5 h 内，每隔 1 h 用电子天平对处理煤样进行称量，利用剩余煤样质量变化评估不同处理材料对煤尘的保水性能。剩余质量变化差异体现不同材料对煤尘保水能力的影响程度。

4.1.2.2　实验结果分析

不同材料对煤尘的持续保水能力影响不同，经过纯水、泥浆及阻化剂 $CaCl_2$处理的煤尘都具备一定的保水性能，本书以处理煤尘质量变化评价其保水性能强弱。如图 4.11 所示，煤粉与泥浆和 $CaCl_2$的混合物经干燥后均较初始状态有少量的失水，基本不脱壁，呈现黏附态。而纯水处理后的煤粉相对失水更多，颗粒较散，干燥效果更明显。经 $CaCl_2$处理的煤粉在 5 h 后与另外两种状态不同，干燥后纯水处理的煤粉几乎完全失水；泥浆处理的煤粉大部分贴壁，少量较散颗粒；$CaCl_2$处理的煤粉仍保留水分被固定在壁面上，基本没有颗粒。

图 4.10 101 型恒温干燥箱示意图

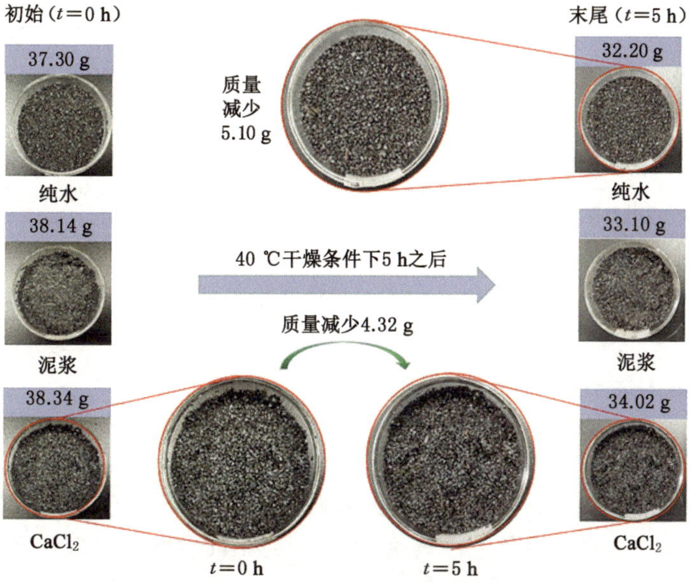

图 4.11 纯水、泥浆、$CaCl_2$处理的煤样保水实验

由图 4.12 可知，经过不同材料处理后，三者的剩余质量均呈下降趋势。加入不同材料处理后的煤的剩余质量是存在差异的，纯水处理后的煤的剩余质量最少，泥浆处理的煤的剩余质量相对较高，经 $CaCl_2$处理的煤的剩余质量最高。经 $CaCl_2$处理的煤的剩余质量由初始的 38.34 g 下降至 5 h 后的 34.02 g，减少了 4.32 g。这表示在 5 h 内经过 $CaCl_2$处理的煤尘中仅有 4.32 g 的水分蒸发，这个水分蒸发质量对于纯水处理的煤尘减少了 15.3%，此外纯水处理的煤尘和

泥浆处理的煤尘减少的质量分别为 5.10 g 和 5.04 g，均高于经 $CaCl_2$ 处理的煤尘减少的质量，3 种混合物剩余质量随蒸发时间变化趋势均呈单调递减的趋势。不同材料处理后剩余质量的差异反映了其保水能力，下降的斜率绝对值由大到小分别为 $K_{纯水}=-1.106$，$K_{泥浆}=-1.092$，$K_{CaCl_2}=-0.876$。其中 K_{CaCl_2} 的绝对值在 3 种处理方式中是最小的，说明水分蒸发速度最慢，保水能力更强。

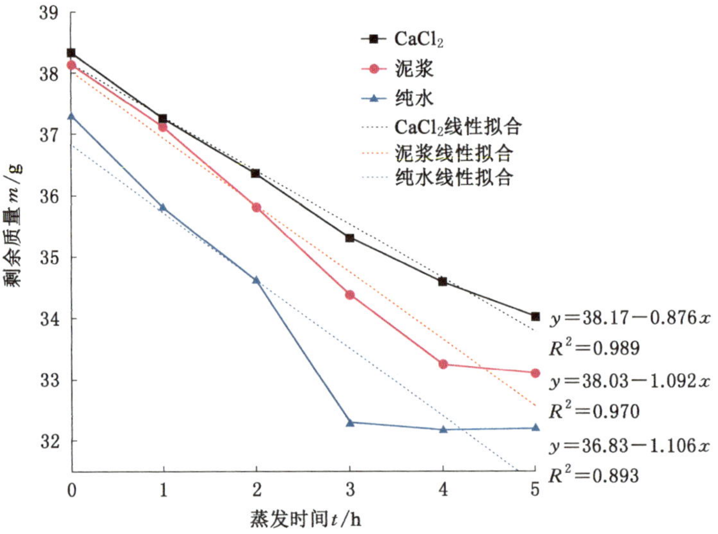

图 4.12 纯水、泥浆、$CaCl_2$ 处理的煤尘残余质量随时间的变化

4.1.3 $CaCl_2$ 阻化剂吸水性研究

4.1.3.1 吸水实验过程

煤尘吸水能力的强弱，不仅与煤尘自身结构性质有关，还与粉尘粒径、含水率等因素有关。本书在阻化剂等量条件下，探究不同含水率对煤尘吸水量的影响机制。将 0 g 水，0.15 g 水，0.3 g 水，0.45 g 水，0.6 g 水，0.75 g 水分别与定量 1.5 g $CaCl_2$ 混合，随后加入到 10 g 钱家营煤矿粒径为 0.50～1.45 mm 的煤粉中，制成不同含水率(0%、10%、20%、30%、40%、50%)的 $CaCl_2$ 处理煤样。在自然条件下进行干燥，在此之后 8.5 h 内，每隔半小时用电子天平对处理煤样进行称量，观察吸水前后质量变化来评价煤样吸水性能强弱。

4.1.3.2 实验结果分析

不同含水率 $CaCl_2$ 处理煤样的吸水能力不同，经过依次增加相同间隔含水量来控制总体含水率处理的煤样都具备一定的吸水性能，本书以处理煤样干燥吸水后质量变化评价其吸水性能强弱。如图 4.13 所示，煤粉在含水的 $CaCl_2$ 处理下经静置后均较初始状态有少量吸水，含水率 10%有团状凝结状态出现，基本不脱壁，呈现黏附态，在含水率 20%时，黏附状态更为明显，团状煤尘形成更多。而在含水率为 0 条件下，煤的颗粒较散，全部散开并无明显吸水情况。含水率 30%的煤粉与前边状态不同，出现脱壁部分下沉；摇晃后，散落颗粒较少。含水率 40%时，煤粉大部分脱壁，下陷加深。而含水率 50%的煤粉整体下陷，与壁面完全分离。

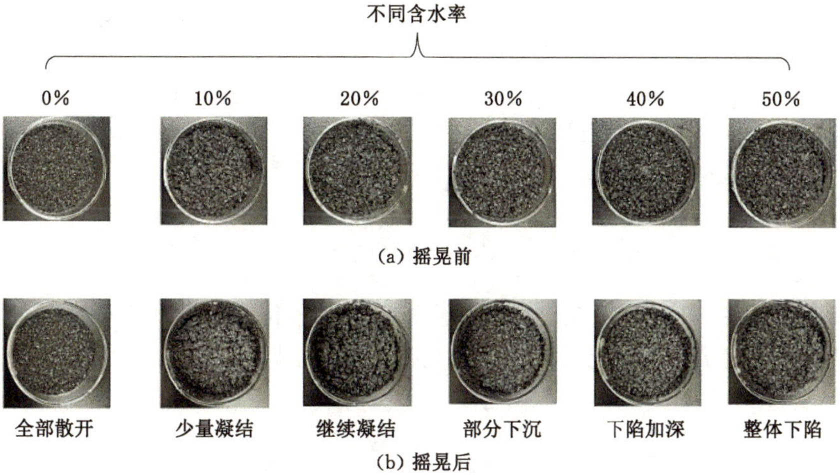

图 4.13 不同含水率 $CaCl_2$ 处理煤样的形态变化

由图 4.14 可知，低于 40%含水率的 $CaCl_2$ 处理煤样的质量均有所增加，这说明煤样中的 $CaCl_2$ 仍可以吸收空气中的水分，还未达到饱和状态，阻燃效果仍有提升的可能性；30%含水率的 $CaCl_2$ 处理煤样由初始的 33.77 g 上升至 8.5 h 后的 33.93 g，这表明在 8.5 h 内此煤尘中吸水量为 0.16 g。50%含水率的 $CaCl_2$ 处理煤样经过 8.5 h 后质量减少，混合物剩余质量随蒸发时间变化均呈递减的趋势。由此可以得出，40%含水率的 $CaCl_2$ 处理煤样仍具有较强的吸水效果，可以使煤样中的水分继续增加，在煤升温阶段时，煤中的水分可以蒸发吸热，从而抑制煤自燃发生。

4.1.4 $CaCl_2$ 阻化剂对煤样活性官能团作用机制

4.1.4.1 实验仪器和实验过程

本实验采用的傅里叶变换红外光谱仪(FTIR)为德国布鲁克 BLUK 公司生产的 TENSOR27 型光谱仪，如图 4.15 所示。傅里叶变换红外光谱仪用于采集煤样中的官能团种类和含量，主要原理是通过官能团对不同频率红外光的吸收

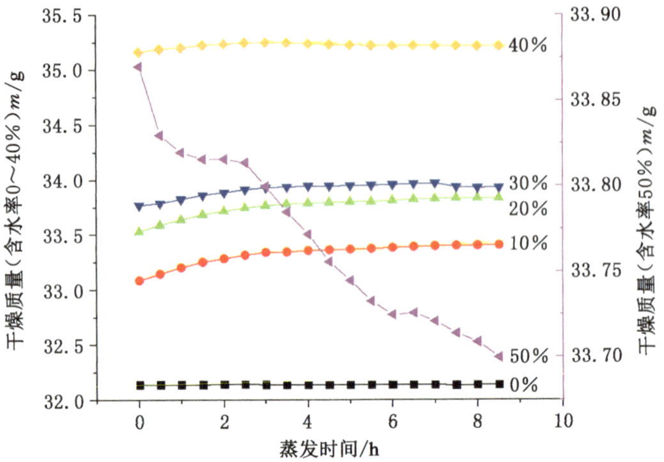

图 4.14 不同含水率 $CaCl_2$ 处理煤样随蒸发时间的干燥质量变化

和振动存在差异而进行分辨。傅里叶变换红外光谱仪对原煤以及经过阻化剂处理煤样进行测试后会出现对应的红外光谱图，根据光谱图上的曲线峰值以及坐标数据可以分析煤样中的官能团种类和数量。

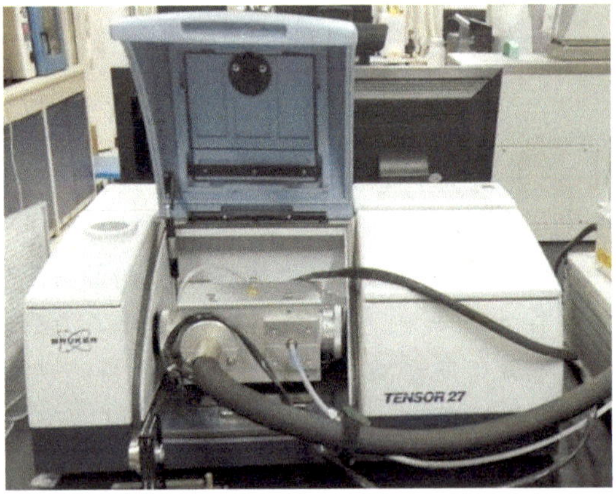

图 4.15 傅里叶变换红外光谱仪

本实验测试的煤样为钱家营煤矿煤样以及经过 $CaCl_2$ 处理的煤样，其测试过程如下：由于溴化钾对红外光没有较大的振动反应，在进行实验之前用精准电子天平称取 0.2 g 的溴化钾，采用玛瑙研钵研磨成粉末，将颗粒大小控制在 2.5 μm 之下，然后放置在压片模具中采用 10 个大气压(约 1.013 MPa)进行压片处理，将压好的煤片放入傅里叶变换红外光谱仪中，关好机器上盖，开始测样。

为了获得一组对照背景光谱，之后称取两份 0.2 g 的溴化钾粉末，0.001 g 的原煤煤样以及 $CaCl_2$处理煤样各一份，煤样分别与溴化钾粉末一起置于玛瑙研钵中，一边研磨一边转动玛瑙研钵，使煤样与溴化钾充分混合，保证研磨到颗粒尺寸小于 2.5 μm。用不锈钢小扁铲将玛瑙研钵中研磨好的煤样和溴化钾混合物全部转移到压片模具中，并用小扁铲将混合物铺平，用手心稍向下加压使混合物更加平整。将压好的煤片放入傅里叶变换红外光谱仪中，关好机器上盖，开始测样。所需吸光度数据在 400～4 000 cm^{-1}的波段内进行扫描获取，试验分辨率为 4 cm^{-1}，扫描次数为 32 次，获取相应红外光谱图，对里面主要的官能团进行分峰拟合，获取区域的波数、峰高和面积比等数据，进行深入分析。

4.1.4.2　实验结果分析

煤样的红外光谱反映了煤样中所包含的官能团信息，由图 4.16 可以看出，原始煤样和经 $CaCl_2$ 处理的煤样其红外光谱出现的吸收峰的波段位置大致相同，这说明经 $CaCl_2$ 处理后的煤样不会产生新的官能团，但是其吸收峰的强度和吸收峰的面积存在巨大差异。甲基和亚甲基都是煤中较为活跃的基团，容易先与氧气发生氧化还原反应。由实验结果得知，经 $CaCl_2$ 处理的煤样的甲基和亚甲基不论峰值还是峰面积都远远小于原煤的，这说明经 $CaCl_2$ 处理的煤样，煤中与氧气结合的

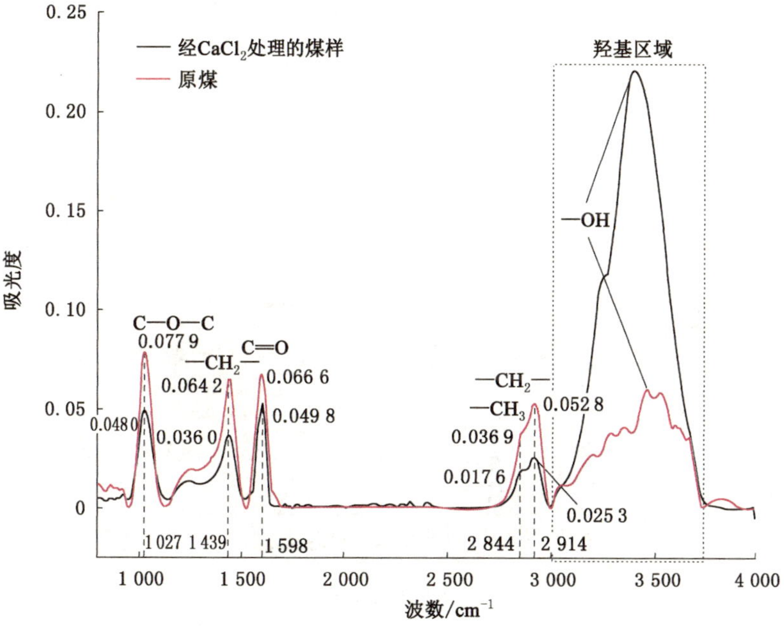

图 4.16　原煤和经 $CaCl_2$ 处理的煤样的傅里叶变换红外光谱

活性基团较少，对于抑制煤自燃具有积极作用。经 $CaCl_2$ 处理的煤样中羟基数量增多，这是在进行煤样处理时，$CaCl_2$ 中含有水分，使得羟基基团增多。

对煤样的红外光谱进行分峰拟合以及计算相应的峰面积和峰占比，结果见图 4.17 和表 4.1，原煤与经 $CaCl_2$ 处理的煤样中所含官能团一致。在众多基团中，煤自燃氧化进程主要受甲基和亚甲基的影响，在经过 $CaCl_2$ 处理后的煤样，其红外光谱中含有的甲基和亚甲基的峰面积均小于原煤的，其中在 1 436 cm^{-1}

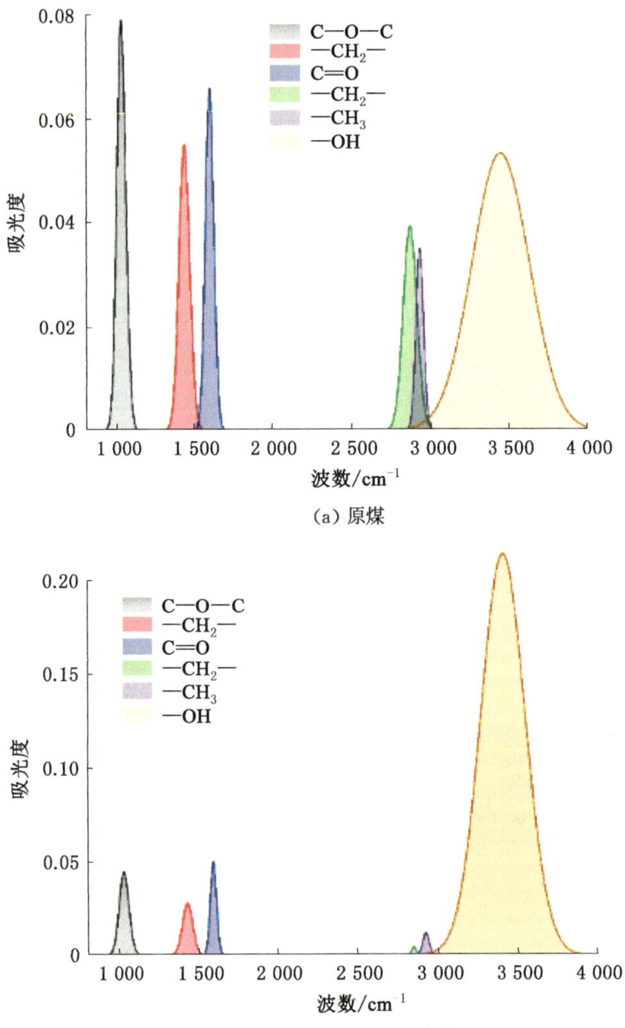

(a) 原煤

(b) 经 $CaCl_2$ 处理的煤样

图 4.17 原煤和经 $CaCl_2$ 处理的煤样的傅里叶变换红外光谱拟合峰

波段附近的反对称弯曲振动—CH_2—，在原煤中峰面积占比比在经 $CaCl_2$ 处理的煤样中峰面积占比多 282%；在 2 868 cm^{-1} 波段附近的对称吸收峰—CH_3，在原煤中峰面积占比为 9.362 41%，而在 $CaCl_2$ 处理的煤样中峰面积占比仅为 0.170 41%；在2 929 cm^{-1} 波段附近的不对称弯曲振动—CH_2—，在原煤中峰面积占比比在经 $CaCl_2$ 处理的煤样中峰面积占比多 563%。可见经 $CaCl_2$ 处理的煤样会显著减少煤样中影响煤自燃进程的活性基团。

表 4.1 原煤和经 $CaCl_2$ 处理的煤样中官能团以及峰面积

官能团	原煤			经 $CaCl_2$ 处理的煤样		
	峰位/cm^{-1}	峰面积	占比/%	峰位/cm^{-1}	峰面积	占比/%
C—O—C	1 031.099 3	5.881 51	12.702 24	1 029.516 8	3.524 72	4.189 80
—CH_2—	1 436.457 2	4.744 62	10.246 92	1 434.342 8	2.259 08	2.685 34
C═O	1 596.535 4	4.516 38	9.753 98	1 596.183 0	2.496 58	2.967 66
—CH_3	2 868.585 8	4.335 07	9.362 41	2 847.035 1	0.143 36	0.170 41
—CH_2—	2 929.058 4	2.148 70	4.640 52	2 922.259 2	0.588 48	0.699 52
—OH	3 448.463 0	24.713 40	53.293 94	3 408.910 6	75.115 03	89.287 27

4.2 新型复合钙化泡沫阻化性能实验研究

4.2.1 新型复合钙化泡沫析液性研究

4.2.1.1 新型复合钙化泡沫的制备和析液实验

机械搅拌是制备泡沫的常用方法，过程如图 4.18 所示。将 0.7 g 十二烷基硫酸钠(SDS)和 100 mL 蒸馏水加入 500 mL 烧杯中作为原始泡沫溶液。在原始泡沫溶液中分别加入 10 g Ca^{2+}、SiO_2 和粉煤灰，得到新型复合钙化泡沫溶液以及两个对照组。为了尽可能地减少泡沫制备中存在的固液分离的现象，实验设置为 2 000 r/min 的较高的机械搅拌转速。搅拌泡沫溶液 2 min 后得到原始泡沫、新型复合钙化泡沫、SiO_2 泡沫以及粉煤灰泡沫。将 4 组泡沫在恒温油浴装置中进行处理，控制温度在 25～150 ℃范围内，间隔为 25 ℃。油浴 3 min 泡沫稳定后，记录烧杯内泡沫液的高度，并进行泡沫热稳定性的评价。为了避免固液分离现象，机械搅拌与油浴实验之间只有短暂的时间间隔。

4.2.1.2 新型复合钙化泡沫析液实验结果分析

油浴 3 min 后的泡沫液高度如图 4.19 所示。整体来讲，原始泡沫产生泡沫

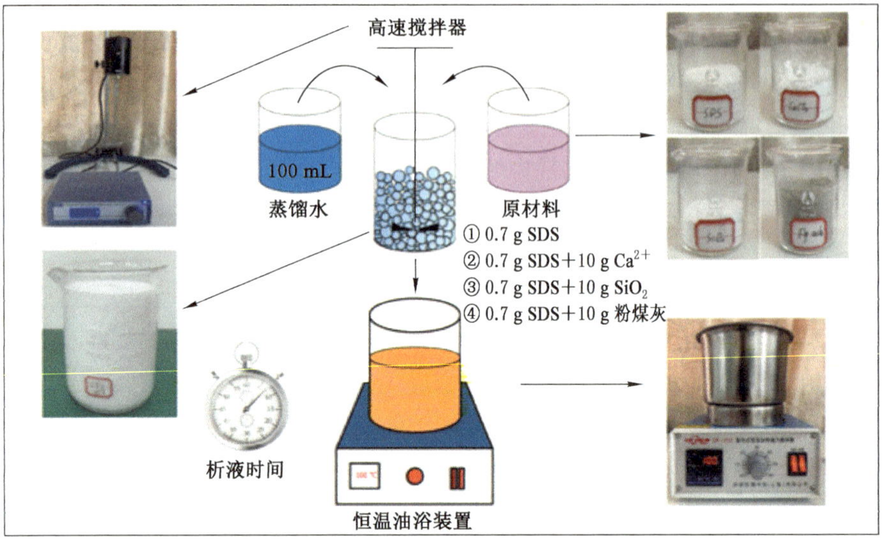

图 4.18 新型复合钙化泡沫的制作和油浴加热

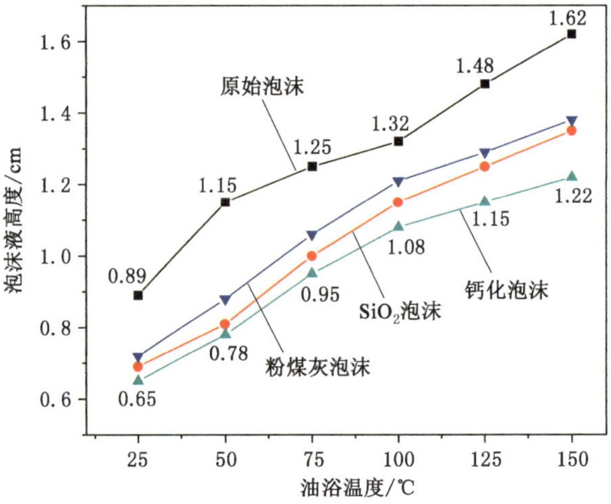

图 4.19 不同油浴温度下泡沫液高度

液最多，新型复合钙化泡沫产生泡沫液最少。SiO_2 和粉煤灰泡沫在所有温度下都位于两者之间。泡沫液高度与油浴温度呈正相关。在 25～150 ℃的温度下，原始泡沫液从 0.89 cm 上升到 1.62 cm。在这个温度下，新型复合钙化泡沫液高度从 0.65 cm 增加到 1.22 cm，增加了 87.7%，最大温度时相对原始泡沫液高度减少了 0.4 cm。当温度从 100 ℃上升到 150 ℃时，原始泡沫液高度上升了 22.73%，而新型复合钙化泡沫液高度的上升幅度大约只有它的一半。这样一个较小的液体产量证明新型复合钙化泡沫具有相对优越的高温稳定性。

4.2.2 新型复合钙化泡沫耐燃性研究

4.2.2.1 新型复合钙化泡沫耐燃性实验过程

耐燃性实验在自建实验平台上进行，实验平台由酒精灯、棉纱布、石棉钢丝纱网、锥形钢支架和泡沫阻燃剂组成。酒精灯在 400～500 ℃范围内为实验提供稳定的火焰温度，高于煤的点火温度。4 块 10 cm^2 大小的方形棉纱布作为可燃物，将它们铺设在石棉钢丝纱网的上方，并将其整体固定在锥形钢支架上。将相同质量的蒸馏水、Ca^{2+} 溶液、原始泡沫和新型复合钙化泡沫均匀喷洒在棉纱表面，利用酒精灯对其进行燃烧，整个燃烧过程由光频 1.0 Hz 的数码相机实时记录。

4.2.2.2 新型复合钙化泡沫耐燃性实验结果分析

图 4.20 为蒸馏水、Ca^{2+} 溶液、原始泡沫和新型复合钙化泡沫处理棉纱布的耐燃性实验。由图可以观察到，经蒸馏水处理的棉纱布在 165 s 时开始出现燃烧点，此后 5 s 完全燃烧。燃烧过程伴随着明亮的火焰，向各个方向扩散，直到燃烧殆尽。两种泡沫处理后的棉纱布在出现燃烧点和完全燃烧时间上均表现出明显的滞后效应。随着酒精灯的持续加热，两种泡沫先膨胀后逐渐缓慢消失，形成一个燃烧点，且周围存有一些残余泡沫。新型复合钙化泡沫处理的棉纱布相对于单一 Ca^{2+} 溶液和原始泡沫处理的棉纱布具有较好的燃烧抑制效果。Ca^{2+} 溶液、原始泡沫和新型复合钙化泡沫处理的棉纱布的完全燃烧时间分别比蒸馏水处理的高 18.2%、79.4%和114.1%，验证了新型复合钙化泡沫对燃烧火焰发展抑制效果相对较好。综上所述，可以预见新型复合钙化泡沫将在控制煤自燃方面表现优异的阻燃性能。

4.2.3 新型复合钙化泡沫抑制煤炭自燃研究

4.2.3.1 新型复合钙化泡沫抑制煤炭自燃实验过程

通过 5～12 目金属过滤筛子制备共计 90 g 煤样，并将其平均放入 4 个烧杯中。将 4 个煤样在自然条件下分别用 100 mL 蒸馏水、原始泡沫、$CaCl_2$和新型复合钙化泡沫处理 24 h，然后过滤干燥，每个煤样取 20 g 置于 40 ℃的真空恒温器中 24 h。剩余 10 g 煤样在自然条件下干燥 24 h。为评价不同阻化材料处理的阻燃效果，对煤样进行了程序升温和保水实验。分别将在 40 ℃下处理的 4 种 20 g 煤

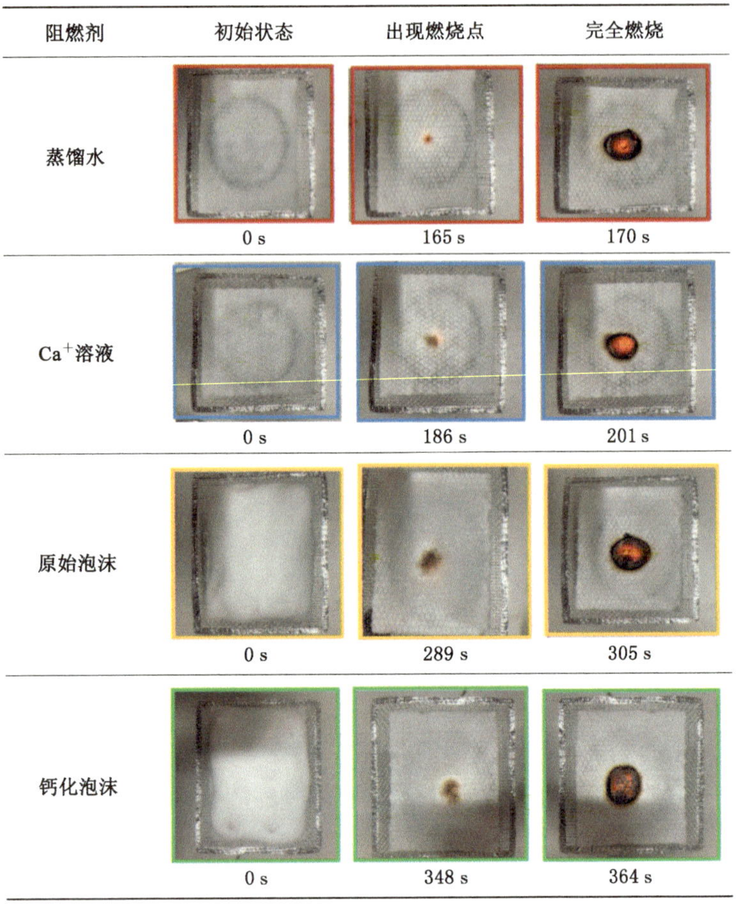

图 4.20　不同阻燃剂的耐燃性能对比实验

样放置在一个 200 mL 的圆柱形金属网篮中，程序升温温度控制在 30～180 ℃，设置加热速率为 1.5 ℃/min。干燥空气以 50 mL/min 的速度进入反应器中。实时记录煤样温度及炉温，手持气泵每 10 min 记录一次 CO 浓度。参考相关研究，如下式所示，通过 CO 浓度计算出的阻燃效率(ξ)来评价泡沫的阻燃性能，即

$$\xi = \frac{W_r - W_i}{W_i} \times 100\% \tag{4.1}$$

式中　W_r——原煤的 CO 浓度；

　　　W_i——阻燃煤样的 CO 浓度。

4.2.3.2　新型复合钙化泡沫抑制煤炭自燃实验结果分析

将实验煤样置于金属网篮中，整体放置在加热炉中进行阻燃实验。整个升

温过程温度变化如图 4.21 所示。用原始泡沫、$CaCl_2$以及新型复合钙化泡沫处理的煤样的温度均比未处理的低。新型复合钙化泡沫处理煤样的温度和温度增长速率始终小于原始泡沫处理煤样的温度和温度增长速率。当炉温达到 150 ℃时，原煤的温度和 CO 释放量开始迅速上升。此时原煤温度为 118.5 ℃，$CaCl_2$处理煤样的温度为 90.2 ℃，降低了 23.9%，新型复合钙化泡沫煤样的温度降低了 30.4%，为82.5 ℃。原煤和经原始泡沫处理煤样在 99 min 左右与炉温相交，相交温度分别为 177 ℃和 179 ℃。$CaCl_2$处理和新型复合钙化泡沫处理煤样的温度在整个加热过程中不与炉温产生交叉，最高温度也只有 116 ℃和 106 ℃，不到原始泡沫处理煤样的 65%。在 $CaCl_2$处理和新型复合钙化泡沫处理煤样中，随着温度的升高，出现了明显的升温延迟现象。由此可见，$CaCl_2$和新型复合钙化泡沫对煤自燃过程具有良好的阻燃作用。

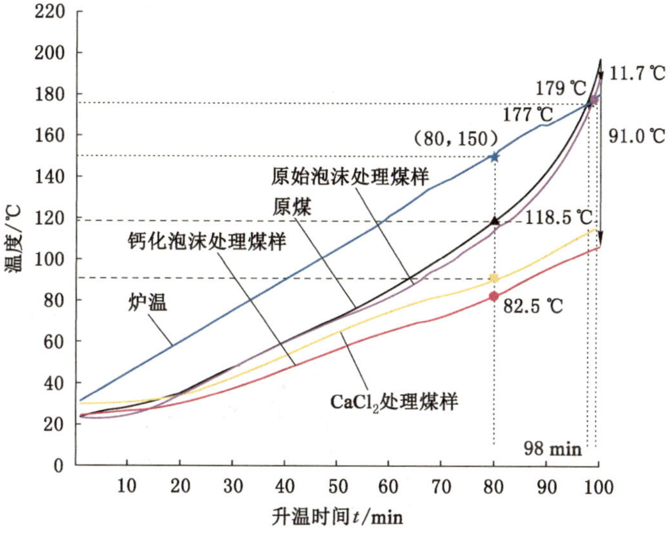

图 4.21　煤样在程序升温过程中温度变化

煤自燃过程中 CO 的产生量反映了煤氧化的严重程度。如图 4.22 所示，原煤产生的 CO 浓度在 135 ℃前相对平稳上升，在 180 ℃时急剧上升至0.02%。新型复合钙化泡沫与原始泡沫以及 $CaCl_2$处理煤样的 CO 生成量的变化趋势相似，其中新型复合钙化泡沫处理煤样在 3 种煤样中产生的 CO 最少。150 ℃时新型复合钙化泡沫处理煤样产生 CO 浓度为 15×10^{-6}，仅约为原煤的 60%。当温度升高到 180 ℃时，这一比例降至 40%，说明新型复合钙化泡沫对煤的氧化有明显的抑制作用。保水能力的增强延长了煤的润湿时间，降低了煤的氧化速率，从而减少了 CO 的释放。

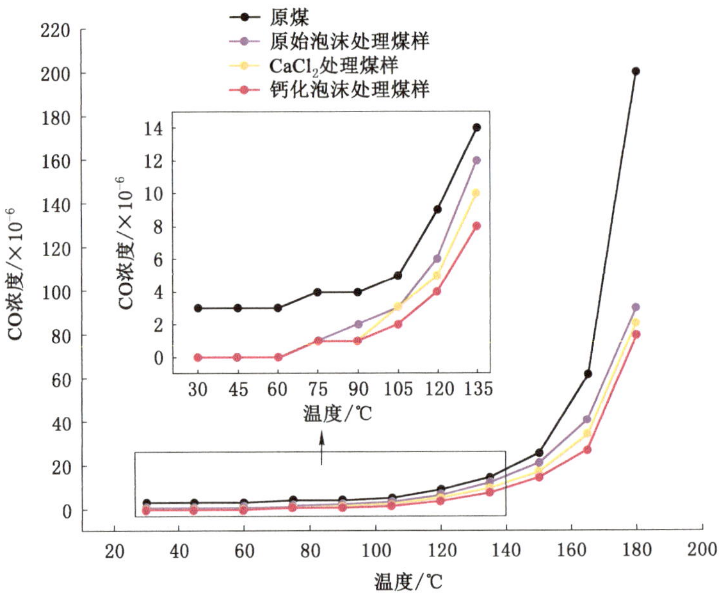

图 4.22　程序升温过程中 CO 浓度

图 4.23 显示了相同温度下两种泡沫的阻燃效率，阻燃效率由原煤和处理煤样释放的 CO 浓度计算得到。在温度小于 60 ℃时，由于两种煤样无 CO 排出，阻燃

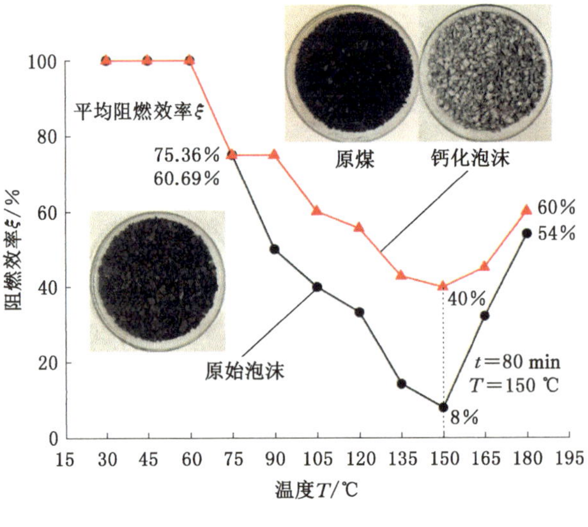

图 4.23　不同温度下泡沫的阻燃效率 ξ

效率ξ恒定在100%。随着温度的升高，阻燃效率呈快速下降趋势。直到温度上升到150 ℃，原始泡沫的阻燃效率减小了92个百分点，仅为8%。而此时新型复合钙化泡沫的阻燃效率仍然达到40%。在150～180 ℃范围内，阻燃效率ξ随温度升高而增大，变化趋势与此前相反。在180 ℃时，新型复合钙化泡沫的阻燃效率ξ上升到60%，比原始泡沫的阻燃效率提高了6个百分点。在整个升温过程中，其平均阻燃效率ξ为75.36%，高于原始泡沫的60.69%。此外，如图4.23所示，经新型复合钙化泡沫处理的煤样被白色薄膜层包裹。由此可见，具有高保水性能的新型复合钙化泡沫阻燃剂在对煤体冷却和密封方面具有优势。

4.3 本章小结

(1) 自主搭建实验平台研究$CaCl_2$阻燃特性，$CaCl_2$质量分数从5%逐步增加到15%时，煤样温度显著降低，$CaCl_2$继续增加，煤样温度降低趋势减缓。改变$CaCl_2$的含水率，发现30%含水率对煤样升温抑制效果最强。

(2) 对比注水、注浆、注$CaCl_2$后煤样保水性，发现$CaCl_2$处理煤样在相同温度和时间损失水分最少；从吸水实验发现，$CaCl_2$中含水率超过30%后，处理煤样不会从外界吸收水分；处理煤样甲基、亚甲基的峰面积小于原煤的。

(3) 通过析液实验得出新型复合钙化泡沫的析液量显著低于原始泡沫的析液量，证明新型复合钙化泡沫具有强热稳定性；建立了耐燃性实验平台，发现新型复合钙化泡沫处理棉纱布的完全燃烧时间比蒸馏水处理的高114.1%，对燃烧火焰发展抑制效果相对较好。

(4) 利用程序升温实验确定了$CaCl_2$和新型复合钙化泡沫抑制煤炭自燃发展的进程，发现处理煤样在整个加热过程中最高温度只有116 ℃和106 ℃，不到原始泡沫处理煤样的65%，另外CO产生量相比于原煤的也更低，证明了两种物质具有较强的煤炭自燃抑制作用。

5 $CaCl_2$阻化剂及新型复合钙化泡沫的分子动力学特性研究

上一章从宏观上阐明了最优 $CaCl_2$阻化剂的配比和新型复合钙化泡沫的优异防灭火性能。本章在此基础上进行分子动力学模拟，进一步揭示 $CaCl_2$阻化剂和新型复合钙化泡沫的灭火机理。构建煤-$CaCl_2$复合模型，基于蒙特卡罗模拟方法研究不同 $CaCl_2$个数对氧气吸附量、吸附热、相互作用能的影响。建立新型复合钙化泡沫三明治模型，研究钙化对 SDS 的头基、尾链以及吸附层空间分布作用机制；并且对比不同温度原始泡沫、新型复合钙化泡沫的水分子相对浓度变化，分析新型复合钙化泡沫的耐热性。

5.1 $CaCl_2$阻化剂对煤自燃影响研究

5.1.1 模拟方法及模型构建

应用 Materials Studio 软件进行相关模拟计算，首先建立钱家营煤矿煤分子基本结构和氧气分子，采用 Amorphous Cell 模块根据基本结构单元固定密度构建周期性结构，为使相互作用力达到最优并满足模拟要求，将 4 个煤分子构筑在晶胞内，目的是使煤分子的相互作用力达到最优，且使煤分子不容易扭曲和缠绕，构筑密度为 0.9～1.4 g/cm^3，分子模型能量最小化后需对分子添加晶胞进行密度优化，以实现真实的空间结构。由于不同的分子模型能量变化规律不一致，分别计算每一个密度值下对应的体系总能量，并根据特定分子模型会缩小密度优化的范围，提高密度的精度，以获得最优分子模型和最优密度。

在获得合理晶胞密度后，需要在 Forcite 模块进行 Dynamics 动力学模拟，力场选择 COMPASS 力场，温度为 298 K，计算步数为 1×10^7，得出煤分子混合的超晶胞。由于煤分子晶胞构筑时不包含带有 $CaCl_2$阻化剂的分子模型，在分别加入 2 个、4 个、6 个、8 个 $CaCl_2$阻化剂分子（图 5.1）后，分子模型的密度会发生短暂变化，需要对煤与 $CaCl_2$晶胞进行分子动力学优化。先通过等温等压系综（NPT）使煤分子舒展，力场选择 COMPASS 力场，模拟时长为 100 ps，模拟步

数设为 1×10^6，帧数间隔步数为 1 000，温度为 298 K；再采用宏观正则系综(NVT)进行人为扩胞，力场选择 COMPASS 力场，模拟步数设为 5×10^7，帧数间隔步数为 500，温度为 298 K，使内应力变得合理；由于扩胞后的煤分子会发生一些扭曲，故需要用等温等压系综(NPT)使煤分子充分舒展开，力场选择 COMPASS 力场，模拟时长为 100 ps，模拟步数设为 1×10^6，帧数间隔步数为 1 000，温度为 298 K，模拟后使煤晶胞的边长趋于稳定不变，这样得出的晶胞才是最合理的晶胞。

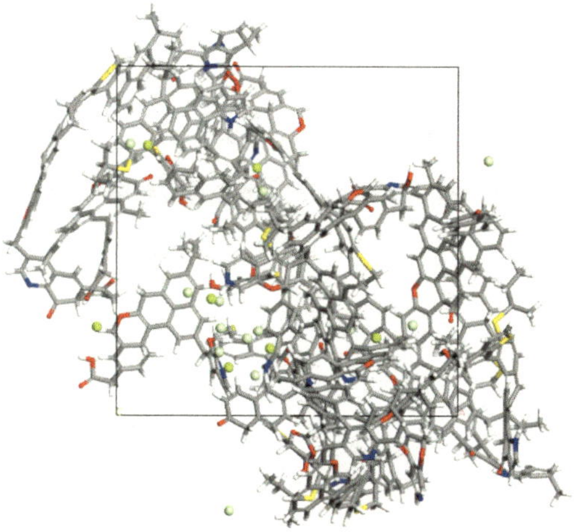

图 5.1　含有 8 个 $CaCl_2$ 分子的煤分子晶胞

采用巨正则系综蒙特卡罗方法模拟氧气分子在钱家营煤矿煤分子中的吸附行为，吸附过程采用 Adsorption Isotherm 项进行，温度设置为 293.15 K，压力范围设置为 0.1～10 MPa，在其中设置 11 个取点标准，其分别为 100 kPa、158.48 kPa、251.18 kPa、398.10 kPa、630.95 kPa、1 000 kPa、1 584.89 kPa、2 511.88 kPa、3 981.07 kPa、6 309.57 kPa、10 000 kPa。采用 Metropolis 接受规则，在一定化学势、体积和温度条件下对小分子在材料表面(或内部)的相互作用情况进行重点采样，以达到对小分子平衡吸附状态进行准确估计，接受吸附质分子交换、构象异构化、转动、平动和再生的比例分别为 2、1、1、1 和 0.1，其中转动的最大角度为 5°，平动最大距离为 0.1 nm。模拟的力场选择 COMPASS 力场，COMPASS 力场适用于有机小分子、大分子、主族元素的计算，在该力场中总能量(E)包括价电子能(E_{val})和非成键能(E_{nb})，其中范德瓦耳斯能(E_{vdw})和氢键作用能(E_{hb})都包含在非成键能中。静电作用采用 Ewald 求和法，计算精度控制在 4.186×10^{-3} kJ/mol 水平；范德瓦耳斯作用和氢键作用采用原子求和法，范德瓦耳斯力和氢键的截断半径小于煤晶胞的一半即可，纯煤周期性边界边长为 26.4 Å(1 Å=10^{-10} m)、截断半径均设为 12 Å，在加入 $CaCl_2$ 阻化分子后其范德瓦耳斯力的截断半径也为 12 Å。最小能量框设为 10 帧，蒙特卡罗模拟的平衡步数为 1×10^5，收集数据的生产步数为 1×10^6。

5.1.2　不同 $CaCl_2$ 氧气吸附模拟结果分析

煤分子模型密度优化过程中的能量变化如图 5.2 所示。密度在 0.9～1.1 g/cm³ 之间变化时，总能量小幅下降。当密度高于1.1 g/cm³ 时，总能量急剧增大；密度为 1.1 g/cm³ 时，总能量最小，为 6 333.12 kcal/mol(1 kcal=4 186.8 J)，所以煤分子模型的最优密度为 1.1 g/cm³。相建华等计算的最优密度为 1.17 g/cm³，两者相差不大，略有差异的原因可能是计算精度的不同。图 5.3 为密度 1.1 g/cm³ 时煤的最优分子模型，图中黑线框为添加的周期性边界条件。

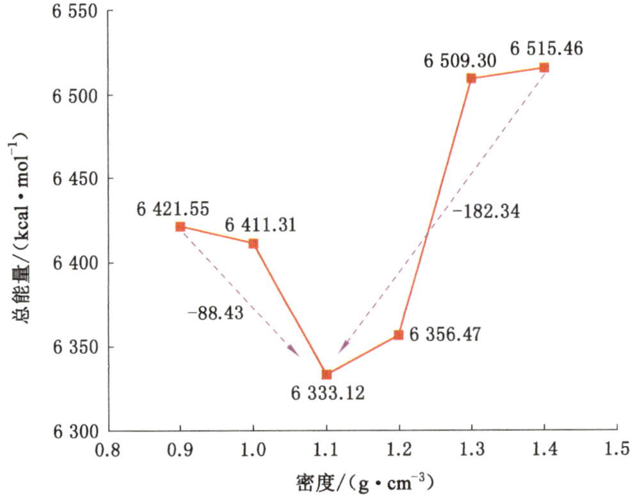

图 5.2　煤分子模型不同密度的能量变化

氧气在含有 $CaCl_2$ 的煤分子中吸附的等温吸附曲线如图 5.4 所示。随着逸度的增大，氧气吸附量逐渐提高，最终增长趋势减缓，趋于稳定。10 MPa 下氧气吸附接近饱和状态，选取不同温度下 10 MPa 时氧气在不同浓度 $CaCl_2$ 的煤分子中的吸附量进行比较。图 5.4 中黑色的曲线表示相同温度下氧气在无 $CaCl_2$ 煤分子模型中的吸附量。$CaCl_2$ 分子数为 2、4 时，氧气吸附量均高于无 $CaCl_2$ 的工况，表明在该浓度下 $CaCl_2$ 促进煤与氧气的吸附。而 $CaCl_2$ 分子数为 6、8 时，

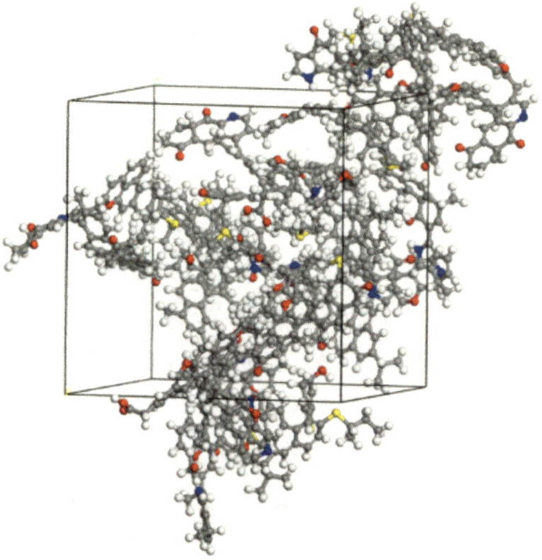

图 5.3 优化后最小能量的煤分子晶胞模型

氧气的最终吸附量低于无 $CaCl_2$ 的工况，说明该浓度下 $CaCl_2$ 对煤与氧气的吸附有抑制作用。

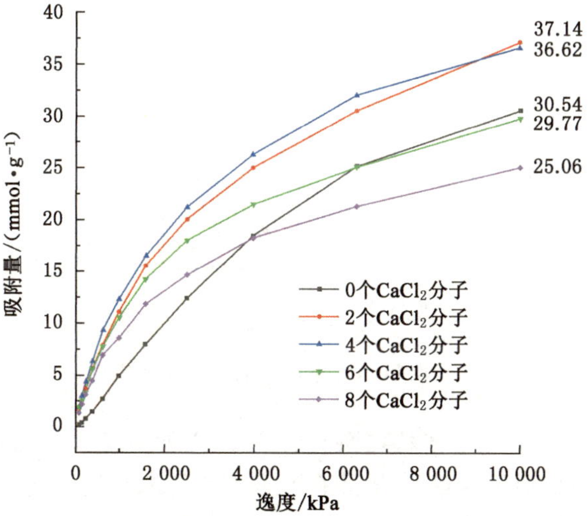

图 5.4 氧气在不同浓度 $CaCl_2$ 的煤分子中吸附的等温吸附曲线

5.2 新型复合钙化泡沫的性能研究

5.2.1 模拟方法及三明治模型构建

如图 5.5 所示，构建两层表面活性剂和一层水层的经典三明治模型来模拟泡沫液膜。采用广泛用于发泡原料的 SDS 作为泡沫基本材料。在模型三个方向上都设置了周期性边界条件。水层 *XOY* 平面上的面积是 30 Å×30 Å，厚度为 30.58 Å。为了保证分子模型体系的电中性，在水层和表面活性剂层模型中随机加入 32 个 Na^+ 和 16 个 $C_{12}H_{25}SO_4^-$（SDS）分子。表面活性剂的面积等于水层的面积，单个 SDS 分子的占据面积为 56.25 $Å^2$。16 个 Ca^{2+} 被加入水层，用于钙化整个体系。表面活性剂单层与水层结合，在表面活性剂单层的两侧各形成一真空层，避免上下两层之间的相互作用，沿 *Z* 轴方向的长度因此延伸至 134.9 Å。

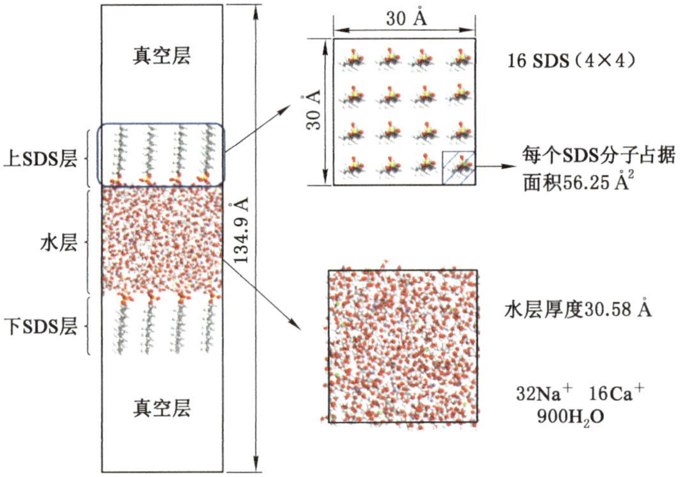

图 5.5 水层和 SDS 单层膜的初始模型组成

图 5.6 显示了 SDS 中一些特殊原子的位置，以便追踪描述阴离子表面活性剂的微观行为。与硫原子和第一碳原子相连接的氧原子定义为 O4 原子，头基附近开始的第一、第六和第十二碳原子为 C1、C6 和 C12 原子。由于 SDS 头基和尾链在吸附层中的取向分布对泡沫稳定性有重要意义，因此对 SDS 头基和尾链的具体取向进行了定义。从 C1 到 C12 的表面活性剂分子被定义为尾链向量，从 S 到 O4 的表面活性剂分子被定义为头基向量。尾链向量与 *Z* 轴之间的

夹角称为θ_{tail}。头基向量与Z轴之间的夹角称为θ_{head}。从C1到C12原子的连线投射到Z轴上的直线位置标记为$l_{z\text{-}tail}$，S到O4标记为$l_{z\text{-}head}$。

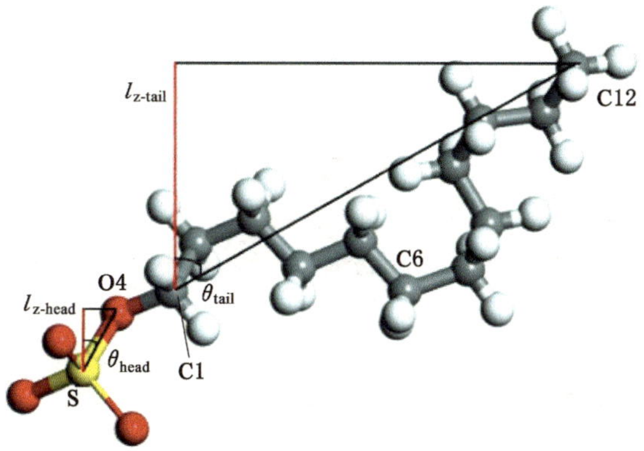

图5.6 SDS原子在吸附层中的位置以及头基和尾链的倾角定义

利用Materials Studio软件中COMPASS力场进行全原子分子动力学模拟。采用简单点电荷模型(simple point charge，SPC)描述水分子的运动，这能更好地描述水分子的介电和热力学性质。为了实现初始构型的能量最小化，模拟采用智能最小化方法，通过运行5万步的模拟对模型进行优化，以避免分子结构重叠。采用原子求和法计算范德瓦耳斯力相互作用，用Ewald求和法处理静电相互作用。以优化后的结构为基础，在NVT系综下进行分子动力学模拟。利用速度Verlet算法对原子运动方程进行积分。运行时间步长为1 fs，每1 000步输出一组数据以供分析。利用Andersen thermostatic方法对模拟温度进行控制，模拟总持续时间为2 ns。最后1 ns的模拟数据被用来分析和评价泡沫微观上表现出的动力学性能。

5.2.2 新型复合钙化泡沫性能研究结果

新型复合钙化泡沫三明治模型的初始和最终模型如图5.7所示。在分子动力学反应过程中，SDS的头基、尾链以及吸附层空间分布都发生了显著变化。如图5.7所示，表面活性剂亲水头基插入水层，疏水尾链指向空气，这与前人的研究保持一致。由于头基作用，水分子、Na^+和Ca^{2+}在模型稳定后大部分分布在它周围。

如图5.8所示，Ca^{2+}的加入使水分子的相对浓度在68.27～75.54 Å范围内明显增加。将吸附层定义为水分子最大浓度的10%～90%分布阶段厚度。经计算，原始泡沫吸附层厚度为8.16 Å，在钙化环境下吸附层厚度增加至

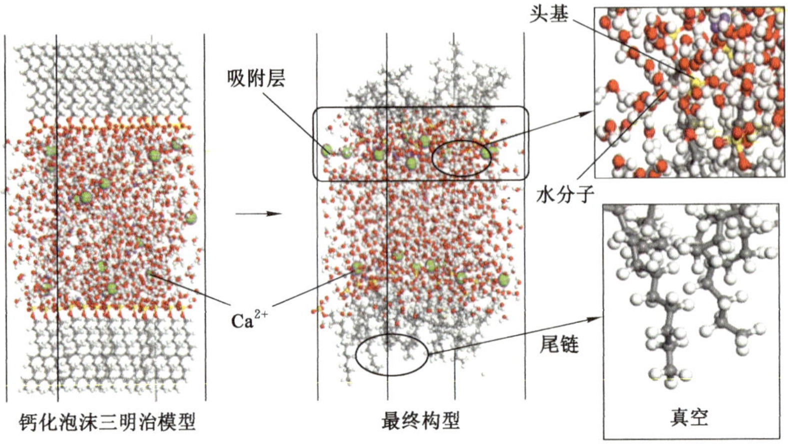

图 5.7　钙化过程中 SDS 的空间分布

8.86 Å。这主要原因是 Ca^{2+} 进入吸附层，增加水合作用并吸引更多的分子进入吸附层。研究表明，吸附层厚度的增加对泡沫性能有积极的影响，其提高了泡沫的弹性和稳定性。

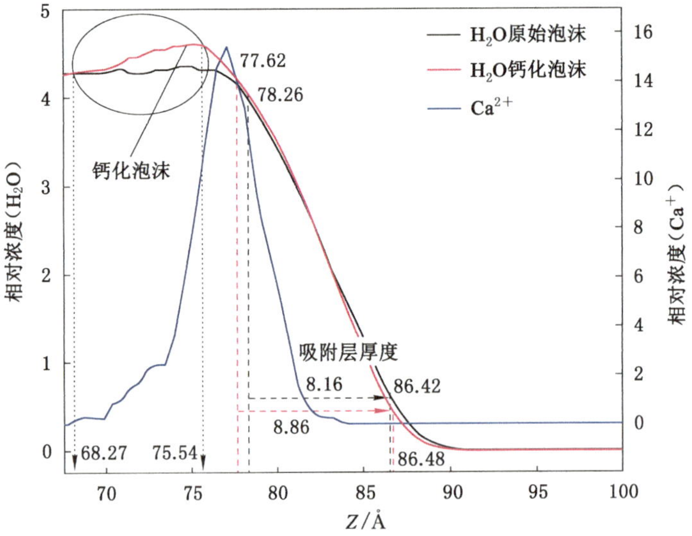

图 5.8　H_2O 和 Ca^{2+} 在 Z 轴上的相对浓度分布

图 5.9 为水分子与头基之间的径向分布函数($RDF_{S\text{-}H_2O}$)。由图 5.9 可知，在离头基周围 2.69 Å 和 3.57 Å 处有两个水壳层存在。在第一水壳层处，新型

复合钙化泡沫的 $g(r)$峰值由原始泡沫的 4.54 提高到 5.12。钙化对第二水壳层的促进效应更显著，其峰值攀升至 5.14，增加幅度高达 19%。钙化作用加强了头基与水分子之间的相互作用，从而增强了泡沫的水化程度，提高了泡沫的固水能力。

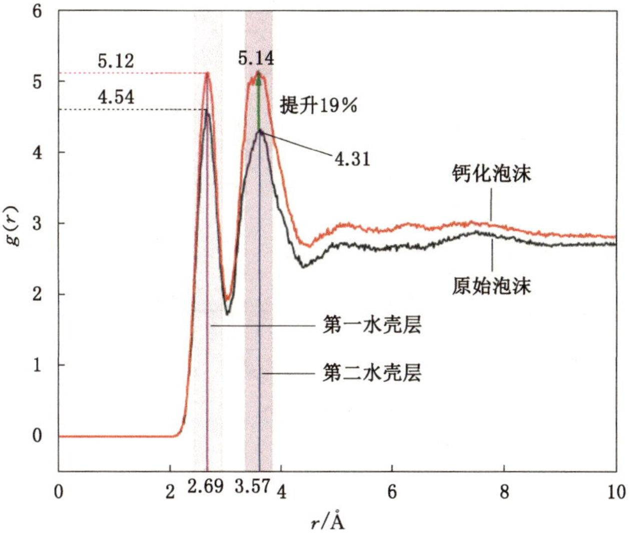

图 5.9 水分子与头基径向分布函数图

如图 5.10 所示，Ca^{2+} 的引入使 S 和 O 原子在 79.69 Å 和 80.73 Å 处的峰值(所计算的 $l_{z\text{-head}}$=1.04 Å)比原始泡沫的 1.38 Å 要小。新型复合钙化泡沫中尾链的投影 $l_{z\text{-tail}}$ 为 10.39 Å，大于原始泡沫中的 9.87 Å。$l_{z\text{-head}}$ 的下降使头基的倾斜角度增大，使 SDS 头基比原始泡沫中的更靠近水层。这有助于增加亲水头基与水分子之间的接触机会，增大新型复合钙化泡沫中吸附层的厚度。$l_{z\text{-tail}}$ 的上升表明含碳尾链远离水层，这有助于水分子与亲水头基更好地结合。同时，S 和 O4 的原子浓度分布曲线在新型复合钙化泡沫中更为集中，导致头基在 *XOY* 平面上表现出一定的有序性。由于水层中 Ca^{2+} 对带负电荷的头基的吸引，排列良好的头基有助于降低泡沫液膜的表面张力。

5.2.3 温度对新型复合钙化泡沫性能影响结果分析

图 5.11 显示了两种泡沫体系在不同温度下水分子相对浓度的变化。水分子相对浓度在 55 Å 和 75 Å 左右出现两个峰值，并随着温度的升高峰值呈现下降趋势。新型复合钙化泡沫在热环境下表现出比原始泡沫更好的保水性能。在 25～150 ℃的整个升温过程中，新型复合钙化泡沫的水分子相对浓度从 4.55 降

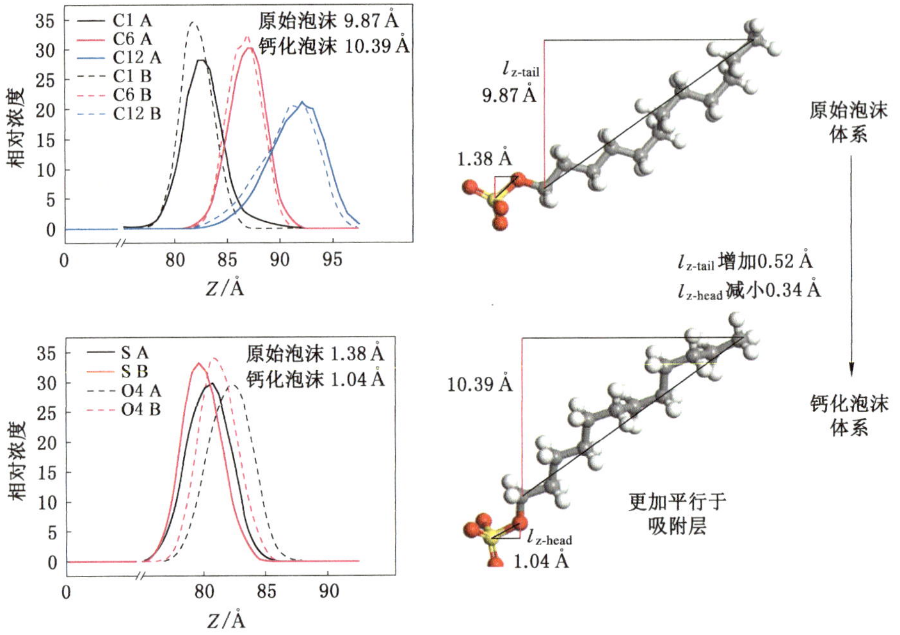

图 5.10　钙化后头基和尾链变化(A 表示原始泡沫,B 表示新型复合钙化泡沫)

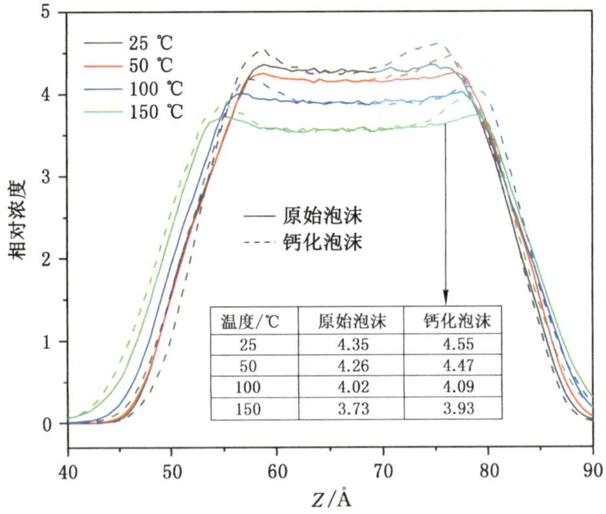

图 5.11　吸附层中水分子在不同温度下的相对浓度变化

至3.93，原始泡沫的水分子相对浓度从 4.35 降至 3.73。当温度从 50 ℃上升到 100 ℃时，新型复合钙化泡沫的水分子相对浓度下降了 8.5%，在 100 ℃至 150 ℃ 时，水分子相对浓度下降了 3.9%，原始泡沫的水分子相对浓度下降了 7.2%。这说明在高温下，新型复合钙化泡沫比原始泡沫具有更显著的耐热性。

图 5.12 为不同温度下头基和水分子的径向分布函数图。与常温下相似，两种泡沫体系具有两个明显的水壳层。第一水壳层位于 2.7 Å 的位置，在不同温度下位置变化不大。在 25～50 ℃范围内，新型复合钙化泡沫中头基与水分子的相互作用强度明显强于原始泡沫的。在这一区域，加热对新型复合钙化泡沫 $g(r)$影响不及原始泡沫的明显。温度从 25 ℃上升到 50 ℃时，新型复合钙化泡沫的 $g(r)$值降低了 0.29，仅为原始泡沫的 60.42%。而在第一水壳层温度较高时，两者区别不明显，如图 5.12 所示曲线重叠位置。

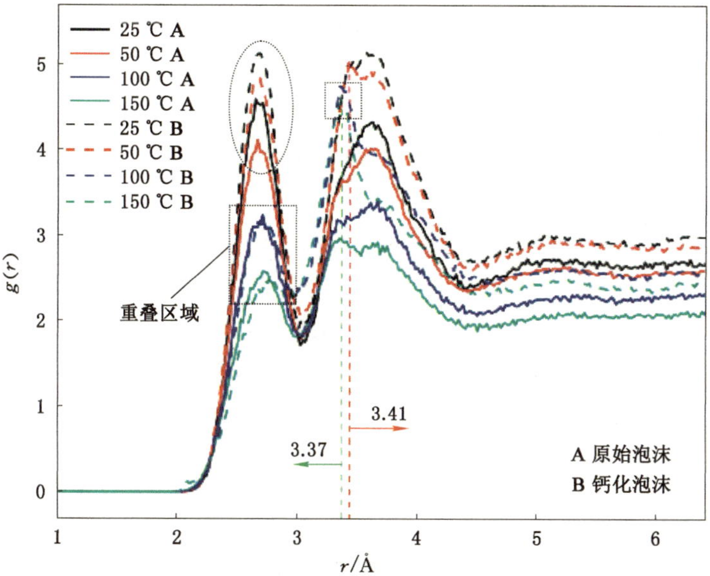

图 5.12　不同温度下头基与水分子的径向分布函数图

对于第二水壳层，新型复合钙化泡沫的 $g(r)$峰值大于原始泡沫的 $g(r)$峰值。如图 5.13 所示，这两个峰值依然是随着温度的升高而减小。经计算，新型复合钙化泡沫峰值变化线的斜率为 0.142，仅为原始泡沫的 41.28%。这说明新型复合钙化泡沫变化平稳，受温度影响较小。在 25～150 ℃范围内，峰值差值从 0.82 扩大到 1.94，说明 Ca^{2+} 的引入提高了泡沫的保水能力，且在温度越高时增强效果越明显。

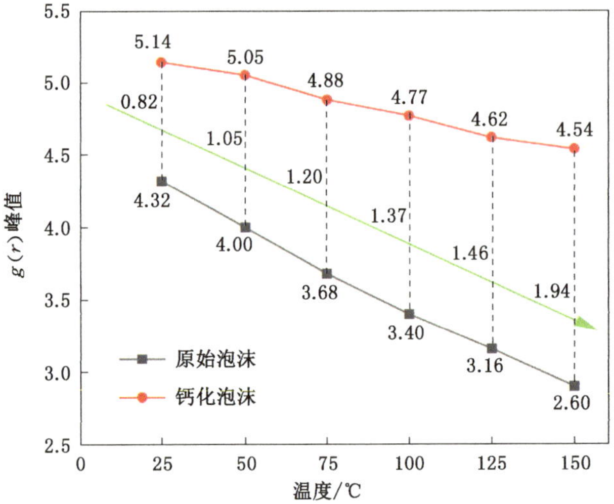

图 5.13　两个体系中第二水壳层 $g(r)$峰值变化

不同温度下新型复合钙化泡沫的 $RDF_{S\text{-}H_2O}$ $g(r)$峰值如表 5.1 所列。新型复合钙化泡沫的两个 $g(r)$峰值在 25 ℃时表现出的差异不明显，而当温度上升到 100 ℃以及 150 ℃时第二峰值比第一峰值急剧上升了 35.53%和 85.60%，这表明第二峰在抗高温方面起着主导作用。根据头基和 Ca^{2+} 的径向分布函数，$g(r)$峰值出现在 3.37～3.41 Å 范围内，如图 5.12 所示。Ca^{2+} 出现在头基周围第二水壳层的近似位置，证明在第二水壳层处保水能力提高、耐热性增强的性能与其有重要关系。

表 5.1　不同温度下新型复合钙化泡沫的 $RDF_{S\text{-}H_2O}$ $g(r)$峰值

温度/℃	25	50	100	150
第一峰值	5.12	4.83	3.49	2.43
第二峰值	5.14	4.97	4.73	4.51
差值	0.02	0.14	1.24	2.08

图 5.14 显示了不同温度下尾链中 C1、C6、C12 原子的相对浓度分布。选择每个曲线波峰对应的横坐标变化来评价相关 C 原子的位置迁移。每个原子的横坐标随着温度的升高而增大，有跃迁到真空层的趋势。在 25 ℃时，新型复合钙化泡沫尾链在 Z 轴上的投影 $l_{z\ tail}$ 为 10.39 Å，在 50 ℃时为 9.87 Å，相比原始泡沫的值均偏大，这促使疏水尾链远离水层，有利于增加新型复合钙化泡沫吸附层厚度。两

个体系的 $l_{z\text{-}tail}$ 在 100 ℃和 150 ℃时几乎相同，分别为 8.83 Å 和 8.51 Å。

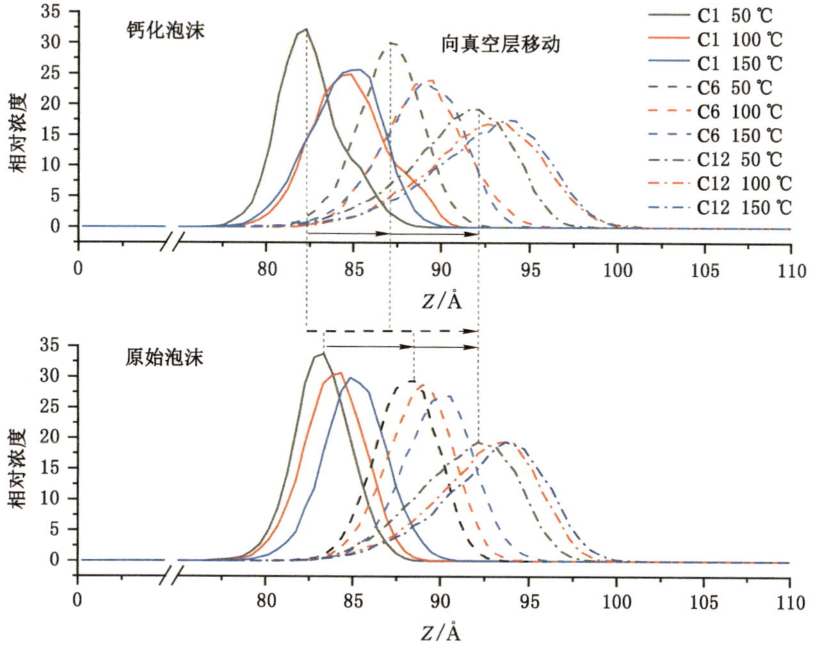

图 5.14 不同温度下 Z 轴上尾链 C 原子的相对浓度分布

如图 5.15 所示，在温度为 50～150 ℃范围内，原始泡沫的头基之间的距离保持在 4.30 Å 左右，在新型复合钙化泡沫中，随着温度的升高，头基之间的距离减小，$g(r)$值最高峰所对应横坐标位置不断减小，说明最可能的 S—S 距离变小，SDS 分子聚集程度变高。在 50 ℃时，它从 0.77 Å 移动至 5.07 Å，为原始泡沫的 1.16 倍，当温度上升到 100 ℃时，两个体系头基距离保持在相同水平。在低温下，Ca^{2+} 进入吸附层并引入更多的水分子，头基之间的距离增加。在高温下，水分子被逐出吸附层，导致头基排列的有序性减弱。

将代表头基间相互作用强度的 $g(r)$值列于表 5.2 中。两个体系头基 $g(r)$值均与温度呈正相关，新型复合钙化泡沫 $g(r)$峰值由 22.14 增加到 42.72。25～50 ℃时，两者差值由 12.09 扩大到 14.94。50～100 ℃时，两者差值由 14.94 降到6.60，下降了 55.82%，100～150 ℃时两者差值基本保持稳定。高温下两者差异减小，但原始泡沫 $g(r)$峰值在所有温度下依然均高于新型复合钙化泡沫 $g(r)$峰值，最大差值为 14.94。较低的新型复合钙化泡沫 $g(r)$峰值表示其头基相互作用强度更弱，有利于泡沫的稳定。

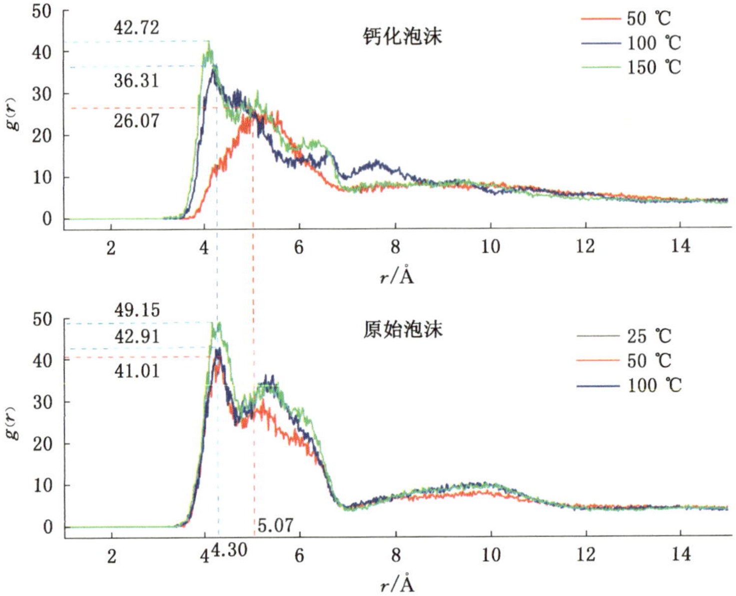

图 5.15　温度对头基分布的影响

表 5.2　RDF_{S-S}在不同温度下的 $g(r)$峰值

温度/℃	25	50	75	100	125	150
原始泡沫	34.23	41.01	42.06	42.91	46.83	49.15
钙化泡沫	22.14	26.07	31.22	36.31	40.36	42.72
差值	12.09	14.94	10.84	6.60	6.47	6.43

MSD 是泡沫体系中原子动态力学特性的时间相关函数，计算得到的 MSD 曲线如图 5.16 所示。初始阶段的原始泡沫与新型复合钙化泡沫的 MSD 曲线无明显差异。而两者 MSD 曲线的差距随着模拟时间的延长而增大。在 $t=$

1 900 ps 时，150 ℃泡沫体系的 MSD 值的差距已接近 700 $Å^2$，在高温下，MSD 值差异的增大尤为显著。由于 MSD 越高，泡沫的扩散能力和流动性越弱。由 MSD 曲线可以看出，新型复合钙化泡沫比原始泡沫具有更好的结构稳定性，且低温亦有利于提高泡沫的稳定性和降低排水速率。相关文献表明，扩散系数与 MSD 曲线斜率的 1/6 成正比。

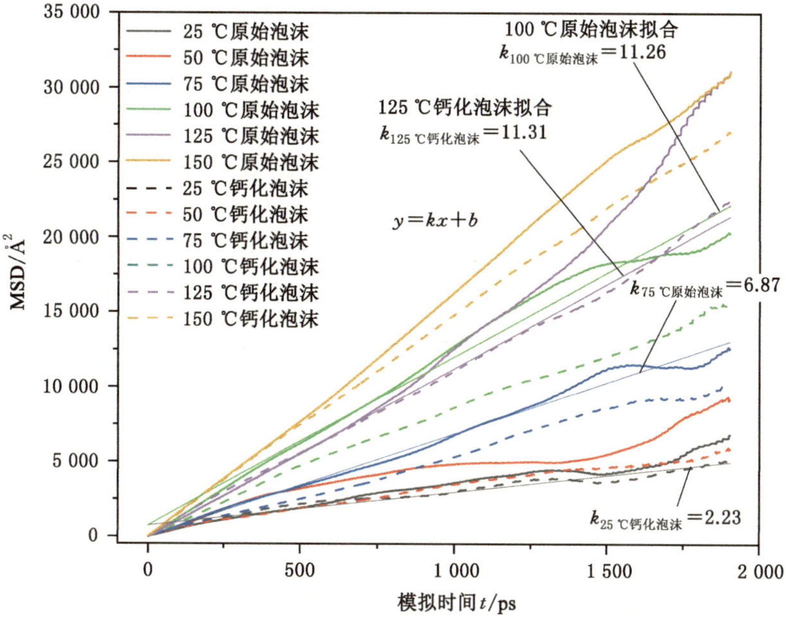

图 5.16 不同温度下两种泡沫的均方位移(MSD)

因此，采用一系列线性函数对 MSD 与 t 进行拟合，其扩散系数计算结构如表 5.3 所列。25～150 ℃时，原始泡沫扩散系数始终大于新型复合钙化泡沫扩散系数，其扩散系数从 0.488 增加到 2.788，增加幅度达到 471.31%。100 ℃原始泡沫的扩散系数为 1.876，接近 125 ℃新型复合钙化泡沫的扩散系数(1.885)。温度可使分子自主热运动强度增大，扩散系数增大，泡沫稳定性降低，而 Ca^{2+} 的引入在一定程度上削弱了这一现象。

表 5.3 两种泡沫不同温度下扩散系数

温度/℃	25	50	75	100	125	150
扩散系数 1(原始泡沫)	0.488	0.613	1.145	1.876	2.624	2.788
扩散系数 2(钙化泡沫)	0.371	0.473	0.927	1.314	1.885	2.390

5.3 本章小结

（1）构建能量稳定的钱家营煤矿煤分子模型，基于蒙特卡罗模拟方法，研究$CaCl_2$阻化剂对氧气吸附强度影响，发现氧气在煤分子上的吸附符合 Langmuir 吸附行为，氧气吸附量随逸度的增加逐渐提高，最终趋于稳定；$CaCl_2$含量的增加使氧气吸附量呈现先增大后减小趋势。

（2）建立新型复合钙化泡沫三明治模型，研究了钙化对 SDS 的头基、尾链以及吸附层空间分布的作用机制，发现新型复合钙化泡沫吸附层厚度扩大到 8.86 Å；钙化作用加强了头基与水分子之间的相互作用，提高了泡沫的保水性能。

（3）对比不同温度原始泡沫和新型复合钙化泡沫水分子相对浓度变化，确定了新型复合钙化泡沫具有更显著的耐热性；新型复合钙化泡沫中水的均方位移 MSD，在任何温度条件下都低于原始泡沫的 MSD，有利于阻止水分子在液膜之间的流动，减缓泡沫歧化作用。

6　动态开采条件下复杂采空区氧化自燃规律研究

开滦集团内蒙古矿区红树梁和串草圪旦煤矿存在煤层赋存浅、地表漏风大、煤层易氧化的特点，增加了采空区的自燃危险性。当前串草圪旦煤矿煤层自然发火严重，井下 CO 显现异常，严重制约矿井正常生产，由于串草圪旦煤矿是一井一面的高产高效矿井，一旦发生自然发火事故，将严重影响矿井的经济效益和安全生产。为此本章开展了动态开采条件下地表漏风对煤矿火区分布影响的研究，以动网格技术为基础，创新性地提出耦合地表漏风和工作面动态推进条件下氧化带演化机制，确定推进速度与氧化带面积的关系。开展泡沫灌注、泡沫灌注与均压协同使用立体惰化灭火效果研究，为开滦集团下属煤矿的煤自燃高效防控提供了重要的科技支撑。

6.1　动态开采条件下地表漏风对红树梁煤矿火区分布规律影响研究

6.1.1　红树梁煤矿采空区渗流参数确定

综放工作面推进后，上覆岩层在自重作用下，会产生不同程度的断裂与离层，在推进方向上覆岩被分为煤壁支撑区、岩层离层区及重新压实区，采空区顶板岩层向下移动的曲线近似符合负指数函数关系。同理，随着垮落岩块和矸石逐渐被压实稳定，工作面后方垮落岩层的碎胀系数也近似符合负指数函数关系。在纵向上可划分为垮落带、裂隙带和弯曲下沉带，垮落带内岩石垮落不规则，排列也不整齐，碎胀系数最大，是漏风的主要通道。裂隙带内岩石破坏程度要小于垮落带内岩石破坏程度，会产生竖向破断裂隙和横向裂隙，但岩层排列整齐，碎胀系数较小。弯曲下沉带整体上岩层裂隙间沟通能力差，基本不存在气体渗流现象，具体划分情况见图 6.1。

6.1.1.1　采空区孔隙率模型

目前，国内外“O”形圈垮落模型研究大部分基于二维空间，本模拟在此基础

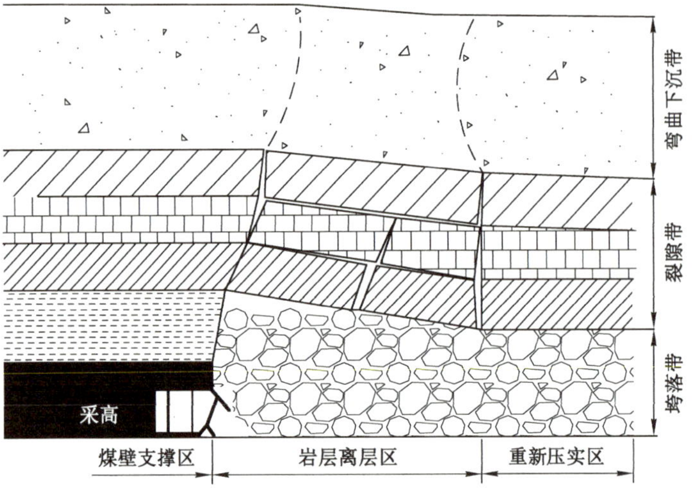

图 6.1 采空区竖“三带”及水平分区

上考虑了垂直方向的碎胀系数变化规律，其碎胀系数分布函数可表示为：

$$K_p = K_{p,\min} + [K_{p,\max1} - K_{p,\min} + (K_{p,\max2} - K_{p,\max1})\xi_1 e^{-a_2 d_2}]e^{-a_1(d_1+b_1)(1-e^{-\xi_0 a_0(d_0+b_0)})} \tag{6.1}$$

式中 K_p——垮落岩石的碎胀系数，无因次；

$K_{p,\max2}$——初始垮落时岩石的碎胀系数，取 1.5；

$K_{p,\max1}$——靠近工作面后方下部岩层的碎胀系数，取 1.15；

$K_{p,\min}$——垮落后压实碎胀系数，取 1.1，大小关系为 $K_{p,\min} < K_{p,\max1} < K_{p,\max2}$；

ξ_0,ξ_1——采空区模型调整参数，分别取 0.233 和 0.85；

a_0——工作面与开切眼处碎胀系数衰减率，m^{-1}，取 0.268 1 m^{-1}；

a_1——采空区两侧“三角带”处碎胀系数衰减率，m^{-1}，取 0.036 8 m^{-1}；

a_2——沿采空区顶板方向的衰减率，m^{-1}，取 0.15 m^{-1}；

b_0,b_1——沿采空区深度方向和工作面方向的调整系数，m；

d_0,d_1,d_2——采空区内部某一点(x,y,z)与距离最近的固壁壁面、工作面和采空区顶板边界的距离，m。

因此，三维“O”形圈稳态孔隙率 $n(K_p,x,y,z)$ 函数为：

$$n(K_p,x,y,z) = 1 - \frac{1}{K_p} \tag{6.2}$$

式中 $n(K_p,x,y,z)$——采空区孔隙率分布函数。

以采空区高度 $Z=0$ m、$Z=10$ m、$Z=20$ m、$Z=30$ m 为例，其孔隙率分布见图 6.2。

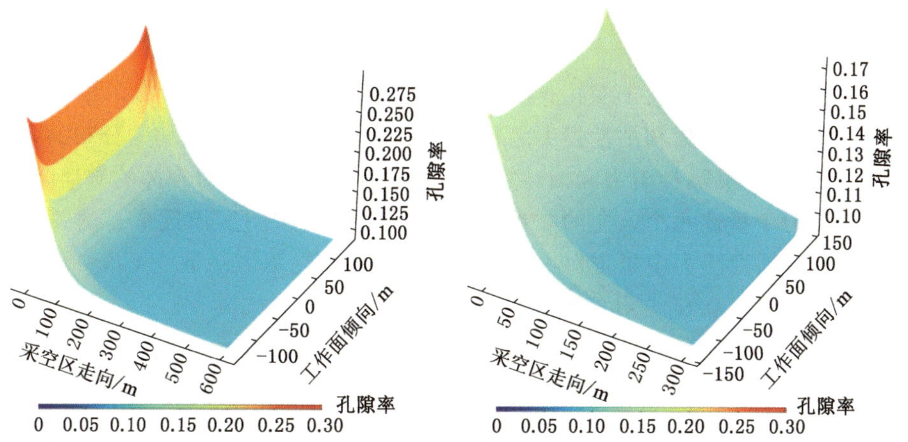

(a) $Z=0$ m　(b) $Z=10$ m　(c) $Z=20$ m　(d) $Z=30$ m

图 6.2　不同高度采空区的孔隙率分布

由图 6.2 可知，在同一高度切面上，采空区内部孔隙率整体为铲状分布，且在工作面中心位置处呈对称趋势，靠近工作面位置的孔隙率远大于采空区内部的孔隙率，采空区最深处孔隙率低至 0～0.05。受“O”形圈影响，中部区域趋于被压实，因此采空区边界位置与固体壁面交界处孔隙率大于采空区中心位置的孔隙率，上下隅角位置处孔隙率高于工作面与采空区交界面位置的孔隙率。同时，随着采空区高度的增加，整体切面孔隙率呈下降的趋势，具体数值主要维持在0～0.13，整体孔隙分布符合"O"形分布，为数值模型的UDF编写奠定了基础。

6.1.1.2 动量损失模型

采空区内的流动属于多孔介质流动，其中动量守恒方程中包含的附加动量损失源项是黏性损失和惯性损失之和。将采空区内部定义为非均匀分布的多孔介质时，需要定义黏性阻力和惯性阻力系数作为模拟采空区对气体的流动阻力。在黏性阻力中指定每个方向的黏性阻力为γ，且γ与采空区渗透率α的关系为$\gamma=1/\alpha$。在惯性阻力中指定每一个方向上的内部惯性阻力系数为C_2，一般认为在多孔介质中α和C_2与孔隙率n相关，计算公式为：

$$\alpha = \frac{{D_p}^2}{150} \cdot \frac{n^3}{(1-n)^2} \tag{6.3}$$

$$\gamma = \frac{150}{{D_p}^2} \cdot \frac{(1-n)^2}{n^3} \tag{6.4}$$

$$C_2 = \frac{3.5}{D_p} \cdot \frac{(1-n)}{n^3} \tag{6.5}$$

式中 α——渗透率，m^2；

γ——黏性阻力，m^{-2}；

C_2——惯性阻力系数，m^{-1}；

D_p——采空区垮落岩石平均调和粒径，取0.015 m。

利用Python强大的数据处理和可视化库，如Matplotlib和Plotly数据的可视化功能，实现采空区底板位置黏性阻力与惯性阻力的可视化，以红树梁煤矿6106工作面为例，建立具体的采空区模型，其中工作面长度为273 m、宽度为10 m，采空区长度为300 m、宽度为200 m。以工作面中心位置处为坐标原点，孔隙率、黏性阻力、惯性阻力呈对称分布，通过公式编译实现数据展现，具体代码见图6.3。

以底板位置为例，当$Z=0$ m时，采空区内部黏性阻力与惯性阻力具体分布见图6.4和图6.5。

底板位置处的黏性阻力分布与孔隙率呈现相同趋势，黏性阻力和惯性阻力整体特征符合"O"形圈分布规律。在采空区深度方向上显现出"三带"分布，蓝色区为采空区，内部黏性阻力高达7.2×10^8 m^{-2}，两侧位置处黏性阻力达8.0×10^7～2.4×10^8 m^{-2}，黏性阻力相对较大。

工作面回采过后，直接顶岩石垮落，此区域岩体堆积不紧密，内部空间较大，从对应位置的等高线云图上来看，阻力数值较小。随着工作面持续推进，垮落区

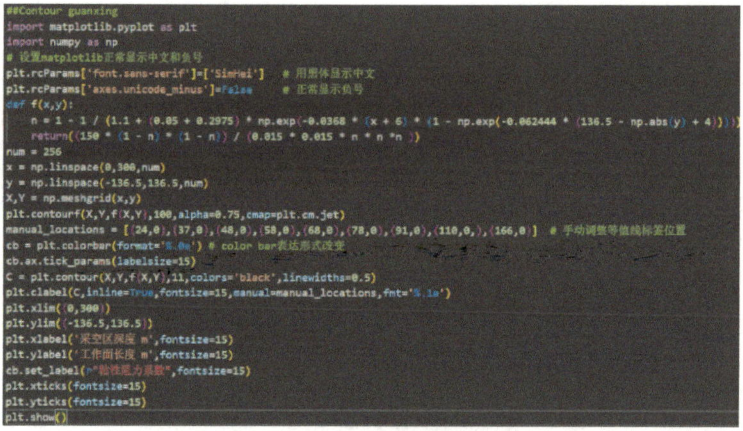

```python
##Contour guanxing
import matplotlib.pyplot as plt
import numpy as np
# 设置matplotlib正常显示中文和负号
plt.rcParams['font.sans-serif']=['SimHei']    # 用黑体显示中文
plt.rcParams['axes.unicode_minus']=False      # 正常显示负号
def f(x,y):
    n = 1 - 1 / (1.1 + (0.05 + 0.2975) * np.exp(-0.0368 * (x + 6) * (1 - np.exp(-0.062444 * (136.5 - np.abs(y) + 4)))))
    return((150 * (1 - n) * (1 - n)) / (0.015 * 0.015 * n * n *n ))
num = 256
x = np.linspace(0,300,num)
y = np.linspace(-136.5,136.5,num)
X,Y = np.meshgrid(x,y)
plt.contourf(X,Y,f(X,Y),100,alpha=0.75,cmap=plt.cm.jet)
manual_locations = [(24,0),(37,0),(48,0),(58,0),(68,0),(78,0),(91,0),(110,0,),(166,0)]  # 手动调整等值线标签位置
cb = plt.colorbar(format='%.0e') # color bar表达形式改变
cb.ax.tick_params(labelsize=15)
C = plt.contour(X,Y,f(X,Y),11,colors='black',linewidths=0.5)
plt.clabel(C,inline=True,fontsize=15,manual=manual_locations,fmt='%.1e')
plt.xlim((0,300))
plt.ylim((-136.5,136.5))
plt.xlabel('采空区深度 m',fontsize=15)
plt.ylabel('工作面长度 m',fontsize=15)
cb.set_label(r"黏性阻力系数",fontsize=15)
plt.xticks(fontsize=15)
plt.yticks(fontsize=15)
plt.show()
```

图 6.3　Python 可视化代码展示

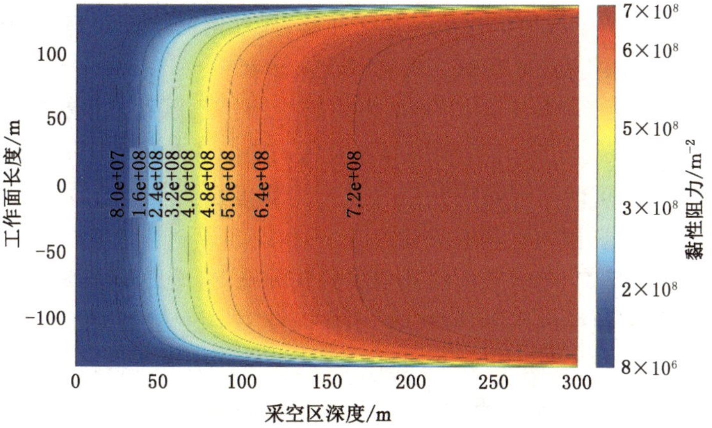

图 6.4　底板位置处黏性阻力分布图

域逐渐被压实，孔隙率逐渐减小，惯性阻力增大。在远离采煤工作面的重新压实区，岩层排列紧密，裂隙发育程度差，故从等高线云图上反映出内部惯性阻力大。

6.1.1.3　模型建立与网格划分

由于煤自燃极易发生在采空区内部，为了掌握红树梁煤矿 6106 工作面采空区自燃危险区域分布特点，采用动网格技术对采空区自燃危险区域进行预测，通过 SpaceClaim 软件建立全尺寸采空区三维模型，并利用 ICEM 划分纯六面体网格，在实际操作过程中需要将流体区域设定为多孔介质区域，并定义方向向量、孔隙率、黏性阻力、惯性阻力等参数，通过 Fluent 进行验证计算。

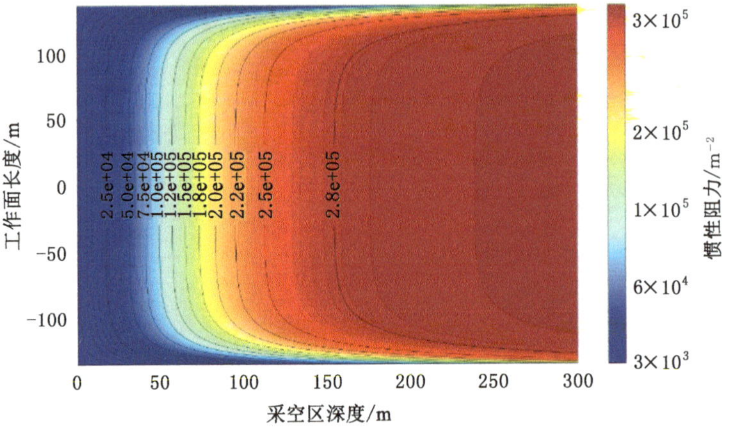

图 6.5　底板位置处惯性阻力分布图

6106 工作面位于红树梁煤矿一盘区北部，煤层走向北西～南东，倾向北东，煤层总体发育呈西南高、东北低。煤层倾角大多在 1°～16°，平均 5°，辅运巷 F30 点～F33 点前 30 m（平距 153 m）范围内煤层受断层及原始沉积影响，煤层倾角较大，最大 32°左右。6106 工作面的煤层宽缓，褶曲、小构造发育，由于煤层与地表冲沟距离较近，可能出现煤层预氧化。平均煤厚度为 7.24 m，煤层最短自然发火期为 58 d，自燃倾向性等级为Ⅱ类。

根据红树梁煤矿 6106 工作面采空区的实际概况，按照现场条件对几何模型做适当简化，模型包括进风巷、回风巷、工作面及采空区，将各巷道及采空区均视为长方体。采空区模型深度为 300 m，采空区模型能够完整覆盖采空区窒息带，根据上覆岩层垮落情况分析垮落带及裂隙带高度，确定采空区模型高度为 100 m。6106 工作面采空区几何模型基本参数如表 6.1 所列。

表 6.1　6106 工作面采空区几何模型基本参数

部位名称	规格($X\times Y\times Z$)/m	部位名称	规格($X\times Y\times Z$)/m
进风巷	50×5.6×3.8	工作面	10×273×3.8
回风巷	50×5.0×3.8	采空区	300×273×100

采空区煤层厚度可按公式计算，6106 工作面采出率为 98%，采空区底板平均遗煤厚度为 7.24 m×0.02＝0.144 8 m，受模型网格尺寸的限制，在模型中煤层遗煤厚度设为 0.15 m。通过 UDF 将采空区孔隙分布函数编译进 Fluent 中。根据采空区计算模型基本参数，原点位置设置在进风巷与采空区交界面端点处，

以工作面推进方向为 X 轴，工作面布置方向为 Y 轴，高度为 Z 轴。

在 SpaceClaim 软件里等比例建立采空区几何模型，模型各板块之间通过 Interface 面连接，实现数据传递。数值模型在 ICEM 软件进行网格划分，网格划分方法为结构化网格，通过 Block 实现几何和块的贴合，经过点、线、面关联最终实现六面体网格的划分。为提高计算效率，进风巷、回风巷、工作面、采空区底部位置网格的划分步长为 1 m，其余网格划分步长为 2 m，共划分约 10^6 个网格单元。通常会以平均网格质量作为网格评判标准，但实际模拟计算过程中，可能会存在某个质量较差的网格出现计算错误进而导致流场出现问题，因此以最低网格质量作为评判标准更加符合实际。本模型的网格最低正交质量为 0.99，符合模型计算标准，采空区计算模型与网格划分如图 6.6 所示。

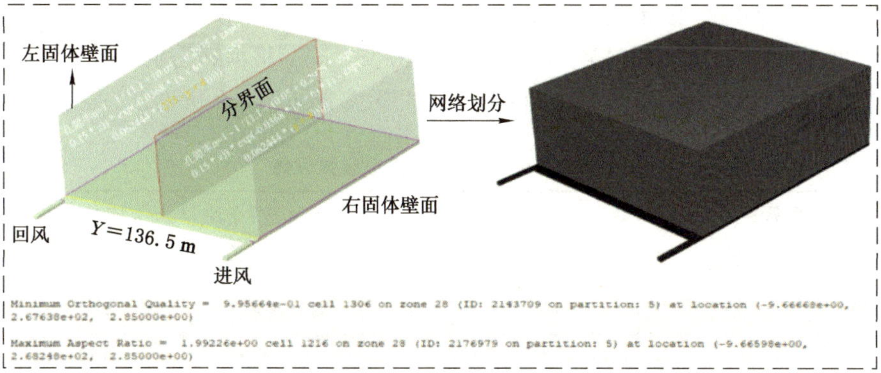

图 6.6 6106 工作面采空区计算模型及网格划分

6.1.1.4 基本假设

采空区内的松散浮煤和垮落岩石形成的孔隙结构不规则，孔隙内部气体的流态非常复杂。为了更好地反映本书研究内容的基本规律，现做出以下假设：

(1) 把采空区近似视作由煤体与岩石组成的多孔介质，假设采空区渗透率不随时间变化，即多孔介质固体骨架不可压缩，采空区多孔介质可近似做各向同性处理；

(2) 不同组分气体间或与固体无化学反应，设置源相代替气体的消耗和产生，流体渗流过程中只存在对流换热过程；

(3) 将气体视为不可压缩气体；

(4) 由于煤层倾角较小，因此忽略煤层倾角，同时不考虑煤层垮落后分布不均的影响。

6.1.2 无地表漏风条件下红树梁采空区数值模拟

6.1.2.1 模拟参数及边界条件设定

将采空区设置为多孔介质流体区域，为增强数值模拟与现场实际的贴合度，使用C语言将煤氧化的耗氧源项以及采空区多孔介质的孔隙率、黏性阻力和惯性阻力编制UDF文件导入Fluent中，组分运输模型选择“methane-air”，模拟中考虑重力因素，大小为9.81 N/kg，沿 Z 轴负方向。

主要计算条件和参数的选取遵循6106工作面现场实际情况，风流温度按照实测温度21 ℃进行设置，进风巷的氧气浓度为标准空气中 O_2 体积分数20.96%，CO_2 体积分数0.04%，根据工作面所处地温，原始岩温设置为21 ℃。各区域相接触的边界默认为内部边界(interface)。设置回风巷为自由出口(outflow)，进风巷为速度入口(velocity inlet)，供风量为1 581.37 m^3/min，根据现场供风量及实际抽采流量换算流速，其他计算模型的初始值及相关参数如表6.2所列。

表6.2 6106工作面模拟参数设定

序号	初始及边界条件	参数设定	序号	初始及边界条件	参数设定
1	求解器	压力基	6	入口风流速度	1.5 m/s
2	湍流模型	*K-e*	7	煤导热系数	0.2 W/(m·K)
3	能量	On	8	遗煤密度	1 410 kg/m^3
4	时间	稳态	9	遗煤比热容	1 200 J/(kg·K)
5	采空区固体壁面	无滑移	10	收敛指标	10^{-3}

6.1.2.2 模拟结果分析

采空区遗煤厚度为0.15 m，为有效提取遗煤位置处的氧气浓度分布区间，利用Tecplot软件分别对底板位置(Z=0 m)以及切面位置(Y=136.5 m)两个截面进行后处理，通过流线以及等值线观察采空区内部流动规律及氧化带分布。

由图6.7可以看出，采空区遗煤氧化带范围呈现进风侧和回风侧偏大，而中部偏小分布，靠近工作面位置的氧气浓度远大于采空区内部的。同时，通过底板位置氧气浓度场可以观察到：由于工作面与采空区交界面附近孔隙率较大，黏性阻力、惯性阻力较小，大部分气流随着向回风巷运移而渗入采空区内部。通过纵切面氧浓度场可以观测到部分气流向裂隙带渗透，但大范围的气流主要集中在垮落带。当 Z=40 m附近时，氧气浓度接近于0。对采空区遗煤进风侧、中部、回风侧氧浓度数据进行整理，得到采空区氧化带范围、宽度如表 6.3 所列。

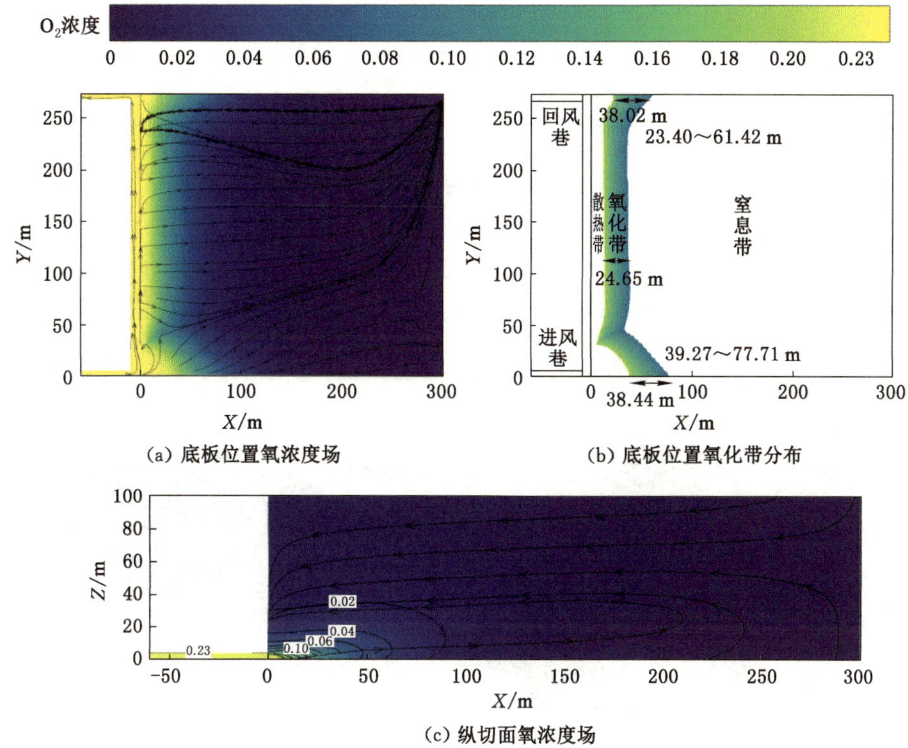

图 6.7 采空区自燃“三带”分布及迹线图

表 6.3 6106 工作面无地表漏风条件下采空区氧化带范围

位置	进风侧		中部		回风侧	
	范围/m	宽度/m	范围/m	宽度/m	范围/m	宽度/m
Z=0 m	39.27～77.71	38.44	13.9～38.55	24.65	23.40～61.42	38.02

由表 6.3 可以看出，采空区氧化带进风侧宽度(38.44 m)大于回风侧宽度(38.02 m)，氧化带最大宽度在进风侧，且进风侧氧化带的起始位置大于回风侧氧化带的起始位置，表明进风侧漏风严重是导致采空区遗煤自燃升温的关键因素之一，采空区内存在遗煤氧化蓄热升温，很容易导致遗煤自燃的发生，甚至诱发瓦斯爆炸。

6.1.3 有地表漏风条件下红树梁煤矿采空区数值模拟

6.1.3.1 模型建立与网格划分

在原模型基础上创建地表裂隙，裂隙具体尺寸为 273 m×0.4 m×5 m，裂隙横向覆盖整个采空区，裂隙距工作面 30 m。通过上述模拟发现，裂隙的位置正好在氧化带范围内，裂隙与采空区交界面设置为 Interface 面。在进行网格划分时，通过分步创建每个 block 的网格，最后通过网格合并实现高质量纯六面体网格的生成，要求裂隙、进风巷、回风巷、工作面、采空区底部位置网格的划分步长为 1 m，其余网格划分步长为 2 m。为有效捕捉裂隙，要求裂隙 X 方向网格数不少于 2 个，且对裂隙位置下的采空区区域进行局部加密。通过网格合并技术生成的六面体网格数为 1 378 654 个，最低正交质量为 0.99，符合模型计算标准，采空区计算模型与网格划分如图 6.8 所示。

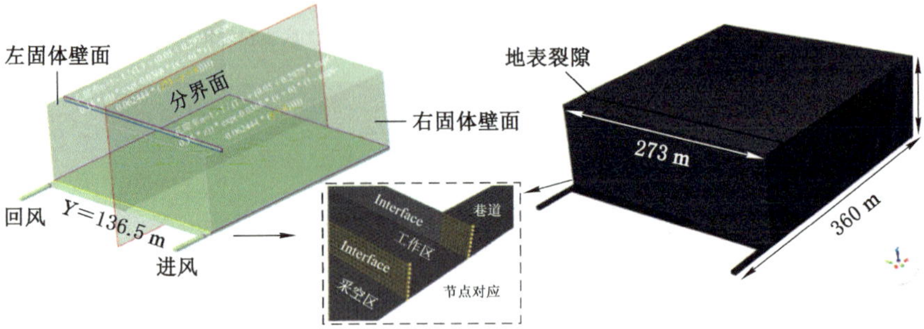

图 6.8 6106 工作面有地表漏风条件下采空区计算模型及网格划分

6.1.3.2 模拟结果分析

具体边界条件设置与无地表漏风条件下采空区数值模拟一致，仅增加了将地表裂隙的界面位置设为压力入口这一项，其中表压为 0。通过采空区内部负压实现氧气渗入，具体的模拟结果如图 6.9 所示。

由图 6.9 可以看出，与未施加地表漏风源相比，施加地表漏风源造成了氧气大范围侵入采空区内部。图 6.9(a)中下隅角位置处存在明显的涡旋现象，这是因为新鲜风流由进风巷渗入，出现涡旋现象的区域位于孔隙率较大的区域，随着向采空区的深入，孔隙率骤降，引起黏性阻力与惯性阻力的骤增，进而形成涡旋现象。由图 6.9(b)可知，地表漏风源的加入造成了回风侧氧化带面积的增加，这是由于在靠近回风侧形成了负压，较多氧气从裂缝靠近回风侧的位置渗入，造成氧化带面积增大。由图 6.9(c)可知，由裂隙渗入的新鲜风流大部分从采空区前部渗入，这是由于同一水平高度下，随着向采空区内部渗入，孔隙率逐渐降低，

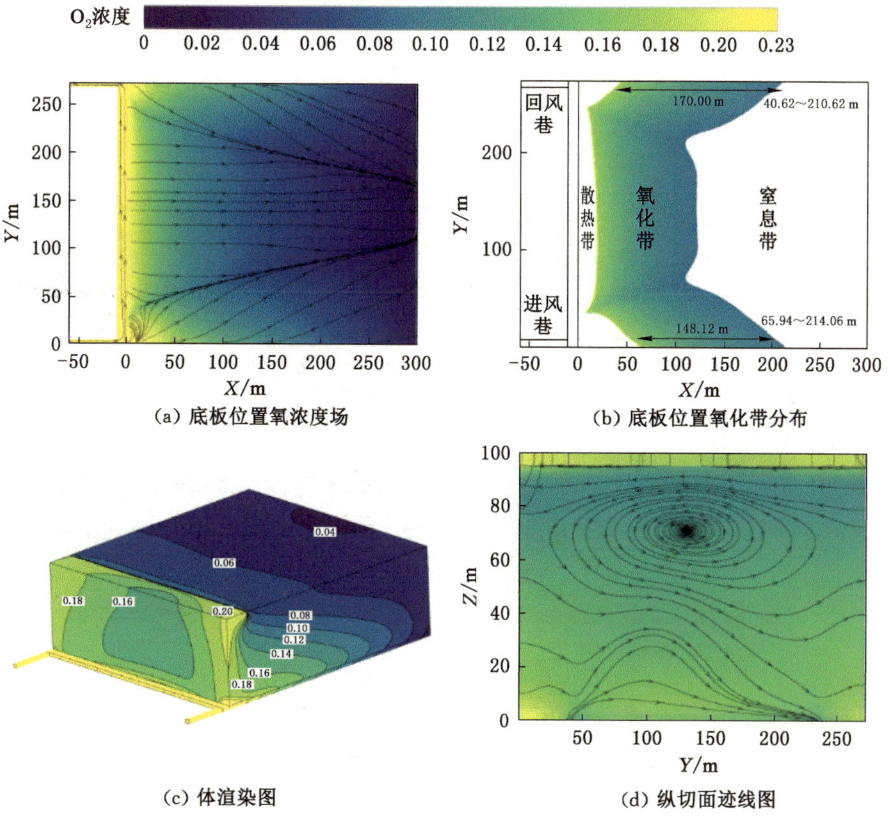

(a) 底板位置氧浓度场 (b) 底板位置氧化带分布

(c) 体渲染图 (d) 纵切面迹线图

图 6.9 6106 工作面有地表漏风条件下采空区自燃“三带”分布及迹线图

流体总是趋向于阻力较小的方向运移。图 6.9(d)是以裂隙为研究对象，通过迹线图可以发现气流从顶部孔隙渗入后，会在采空区中部 $Z=70$ m 附近区域形成涡旋现象。对采空区遗煤进风侧、中部、回风侧氧浓度数据进行整理，得到采空区氧化带范围、宽度，如表 6.4 所列。

表 6.4 6106 工作面有地表漏风条件下采空区氧化带范围

位置	进风侧		中部		回风侧	
	范围/m	宽度/m	范围/m	宽度/m	范围/m	宽度/m
$Z=0$ m	65.94～214.06	148.12	19.15～122.07	102.92	40.62～210.62	170.00

由表 6.4 可以看出，受地表漏风影响，采空区氧化带回风侧宽度(170.00 m)大于进风侧宽度(148.12 m)，且进风侧氧化带的起始位置大于回风侧氧化带的起

始位置，中部区域氧化带宽度为 102.92 m，表明地表裂隙水平距离位于氧化带范围内时，会对采空区内部造成较大影响。为有效反映裂隙在不同位置的漏风量的差异，以工作面中心处（$Y=136.5$ m）及回风侧（$Y=270$ m）两个区域为重点观测对象，分别制作云图，具体的结果如图 6.10 所示。

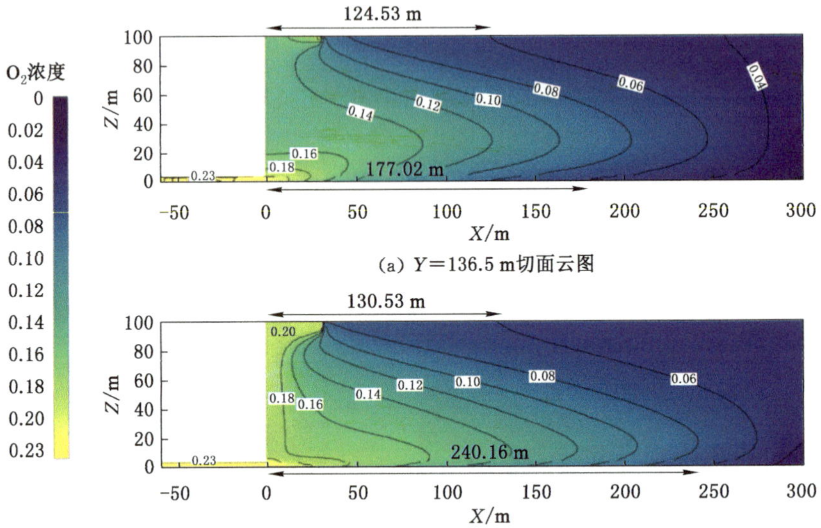

(a) $Y=136.5$ m切面云图

(b) $Y=270$ m切面云图

图 6.10　6106 工作面采空区纵切面氧气分布云图

由图 6.10 可知，靠近回风侧渗入的气流大于中部区域的，以氧气浓度 0.06 为例，图 6.10(a)中地表处距工作面距离为 124.53 m，底板位置处距工作面距离为 177.02 m；图 6.10(b)中地表处距工作面距离为 130.53 m，底板位置距工作面距离为 240.16 m，回风侧的气体渗入量均大于中心位置处的，印证了图 6.9(b)中造成回风侧的氧化带宽度增加的原因。

6.1.4　基于动网格技术的红树梁煤矿地表漏风采空区数值模拟

以上述模拟为基准，通过动网格技术实现工作面动态推进，进而研究动态开采条件下地表漏风对采空区氧化带的影响。通常，动网格技术常用于螺旋机械、航空航天等。动网格技术的常用方法主要有网格光顺、网格层铺与网格重构，采空区被假设为理想的立方体，且采用纯六面体网格的划分方法。具体的 Profile 文件如图 6.11 所示。

在图 6.11 中，“Profile_move_x”为 Profile 运行文件的具体名称，根据用户自定义，“transient”表示进行的瞬态模拟；“2”表示拥有两个参数（time 与 v_x）；

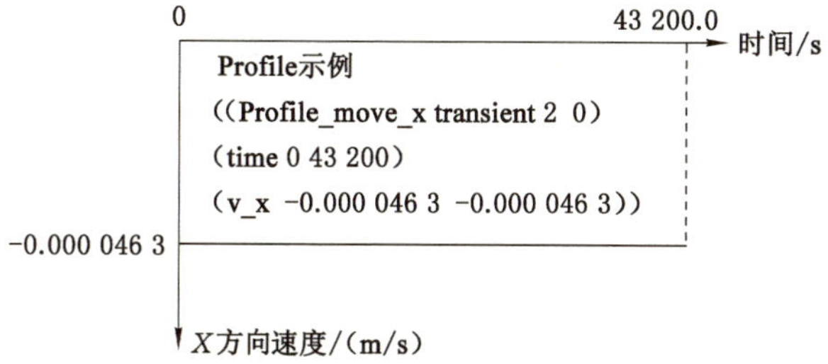

图 6.11 Profile 示例文件

“0”表示非周期性函数；“time 0 43 200”表示为运行时间从 0 到 43 200 s，即 0～30 d；“v_x －0.000 046 3 －0.000 046 3”表示为以速度为 0.000 046 3 m/s 沿着 X 负半轴方向匀速运动。

6.1.4.1 运动区域与类型设定

动网格需要定义运动区域和运动类型，常见的运动类型有静止、刚体运动、变形等。在所有运动类型中，静止的优先级最高，其次是面的运动，最后是区域的运动。在采空区模型中，需指定 9 个运动边界：需将进出口、交界面、工作面、采空区顶部的面设定为刚体运动，将采空区后部的面设定为静止区域，具体的运动设定见图 6.12。

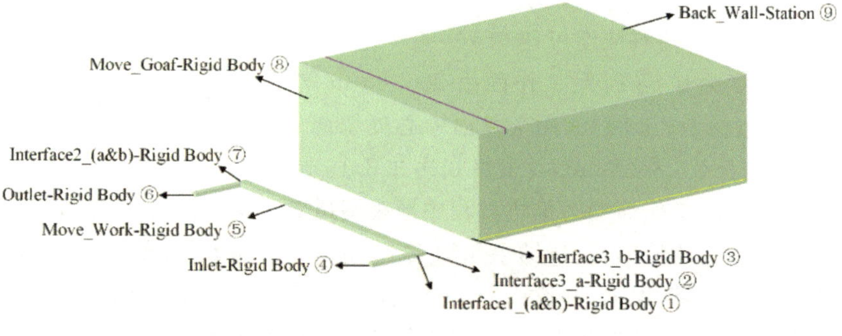

图 6.12 运动区域与类型设定

6.1.4.2 UDF 动态孔隙率调整

将采空区孔隙率的分布模型编译进 UDF 中，但此孔隙率分布模型为静态条件下的。运动状态下空间某点的孔隙率、黏性阻力、惯性阻力的数值受距离工作面的距离（即 X 坐标）控制，具体的 UDF 部分代码与结果生成如图 6.13 所示。

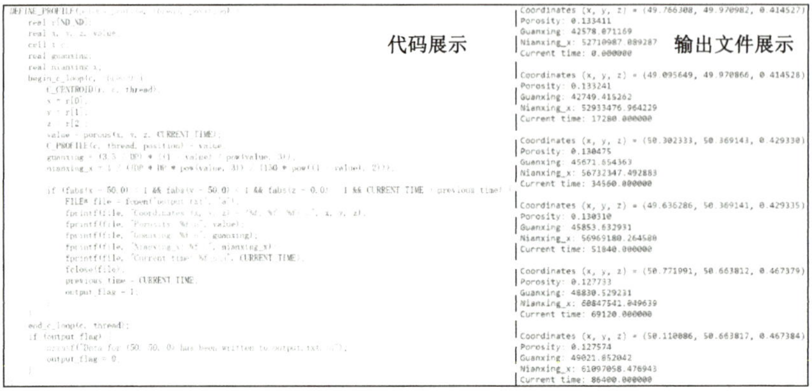

图 6.13　UDF 部分代码与结果展示

6.1.4.3　模拟结果分析

设置 0.2 d 为时间步长，时间步 150(工作面推进 30 d)，每个时间步迭代 40 次，将数据结果导出到 Tecplot 进行渲染。图 6.14 为随着工作面推进，不同时刻下纵切面的氧气渲染图。通过图 6.14 可以观测到，在靠近回风侧的切面($Y=270$ m)的顶部裂隙的氧气浓度大于工作面中心处切面($Y=136.5$ m)的顶部裂隙的氧气浓度，较多的氧气从靠近回风侧的裂缝渗入采空区。同时，随着工作面的推进，回风侧的高氧区域逐渐扩散。回风侧顶部附近氧浓度可达 0.16～0.18，工作面中心处氧浓度可达 0.14～0.18。以氧浓度为 0.08 为分界点，回风侧切面氧浓度为 0.08 时距工作面由 280.65 m 增长至 317.65 m，并最终到达 354.68 m，增长了 26.38%；而工作面中心处切面氧浓度为 0.08 时距工作面由 244.88 m 增长至 284.87 m，并最终到达 328.15 m，增长了 34.00%。

为直观了解工作面动态推进过程中地表漏风对采空区的影响，利用 Tecplot 对整体模型进行体渲染，具体结果如图 6.15 所示。由图 6.15 可知，随着工作面推进，渗入氧气逐渐增多，并逐渐向采空区前部囤积，高氧区域增大。由于采空区前部孔隙率较大，黏性阻力、惯性阻力较小，气流逐渐由地表裂隙通道向采空区渗入，较少气流由裂隙后方渗入。通过体渲染图发现，地表裂隙对于采空区中后部氧气浓度影响较小，主要影响采空区前部区域氧气浓度。因此，介于裂隙与工作面之间的区域为主要的防治区域。

为了较为直观地观测地表裂隙对遗煤氧化的影响，取底板位置切面，观测底板位置氧化带的分布情况。由图 6.16 可知，随着工作面的推进，地表裂隙对于底板位置处的遗煤影响逐渐增大，氧化带的区域逐渐加宽。这是由于在

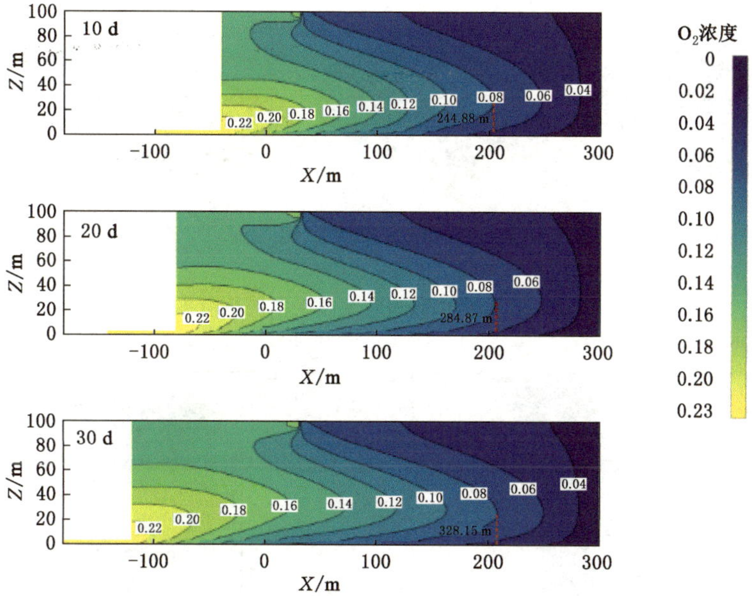

(a) $Y=136.5$ m

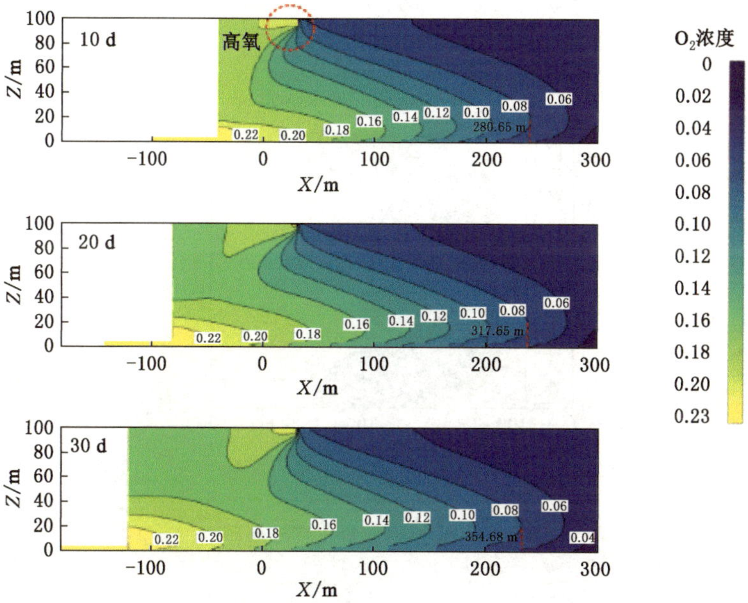

(b) $Y=270$ m

图 6.14 不同时刻下纵切面氧气渲染图

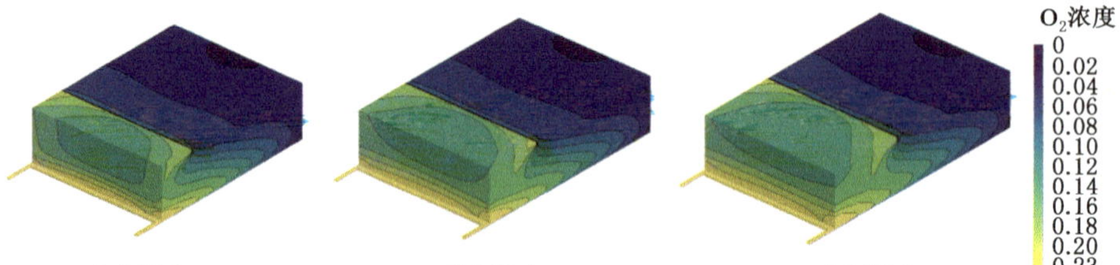

(a) 10 d (b) 20 d (c) 30 d

图 6.15　6106 工作面地表漏风采空区体渲染图

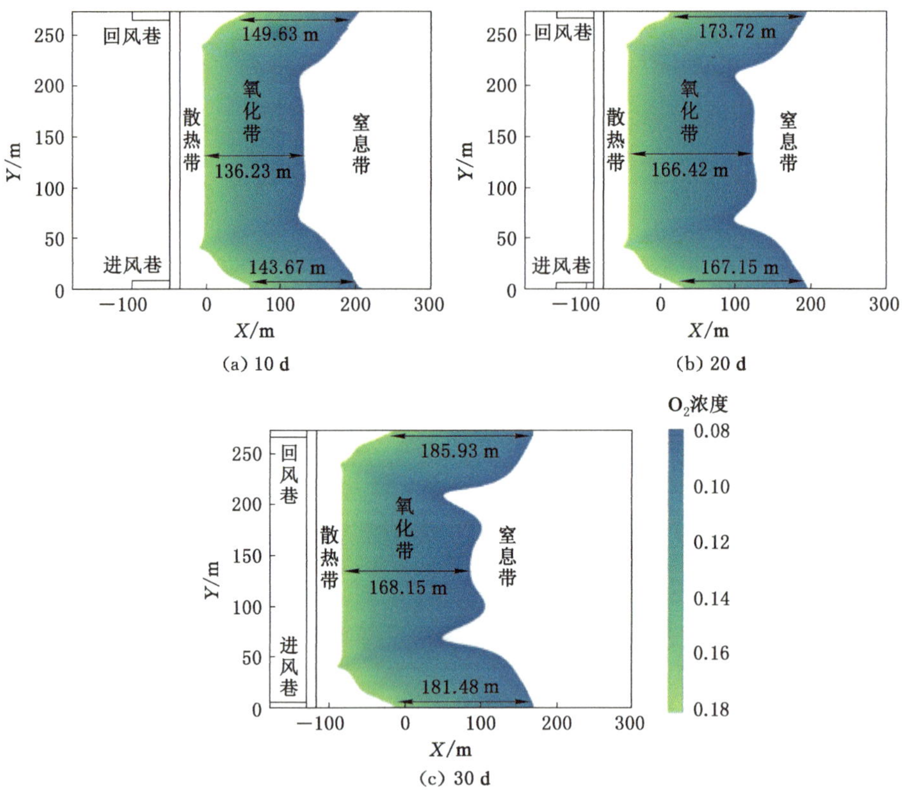

(a) 10 d (b) 20 d (c) 30 d

图 6.16　底板切面氧化带分布图

建模过程中，裂隙的位置放在了氧化带的范围内，且靠近散热带。随着工作面的推进，风流不断向氧化带补充氧气，导致氧化带不断加宽。而氧化带依然保持进风侧深入采空区的距离大于回风侧的，但回风侧氧化带宽度大于中部区域和进风侧氧化带宽度。

6.2 动态开采条件下地表漏风对串草圪旦煤矿火区分布规律影响研究

6.2.1 无地表漏风条件下串草圪旦煤矿采空区数值模拟

6.2.1.1 模型建立与网格划分

根据现场考察确定串草圪旦煤矿6101工作面的具体参数，利用 SpaceClaim 构建全尺寸三维立体模型，根据 CFD 流体区域划分要求，同时为后续存在地表漏风条件下的采空区数值模拟做准备，将本次模拟的模型主要划分为进风巷、工作面、回风巷、采空区、裂缝区5个流体区域。6101工作面采空区几何模型参数如表6.5所列。

表6.5 6101工作面采空区几何模型基本参数

部位名称	规格（$X\times Y\times Z$）/m	部位名称	规格（$X\times Y\times Z$）/m
进风巷	40×5×3.8	裂隙	0.4×148×5
回风巷	40×5×3.8	采空区	200×148×150
工作面	10×148×3.8	—	—

通常处理采空区遗煤的方法是在建模期间对遗煤的结构进行切分，再通过网格划分软件进行处理。但这样就要求遗煤网格划分尺寸与工作面、采空区划分尺寸不能相差过大，各个流体区域网格尺寸通常存在1～2倍之间的关系。为了有效捕捉遗煤，需要在遗煤的几何结构绘制4层以上的网格，间接导致整体的网格数激增。因此本次模型中遗煤与采空区合并，通过UDF对耗氧的高度进行限制。根据遗煤厚度＝平均煤厚×（1－采出率），确定本模型的遗煤厚度为11.5 m×0.07＝0.805 m。

为满足 Workbench 中 Mesh 扫掠网格的要求，流体区域与流体区域之间采用 Interface 面进行连接配对，并在建模软件中逐一命名。在 Workbench Mesh 中采用扫掠网格方法划分六面体网格，对于扫掠的源面与目标面进行逐一匹配，匹配选择根据命名进行匹配，如：将 Inlet 设定为源面，Interface 1-a 设定为目标面进行网格划分。随后将进风巷、工作面、回风巷的面网格尺寸控制为1 m，采空区的面网格尺寸控制为2 m，裂缝采用线段控制进行划分。最终共划分网格单元 7×10^5 个，面 2.22×10^6 个，节点 7.6×10^5 个，网格最低正交质量为0.99，符合整体 Fluent 计算的最低要求，具体的采空区计算模型与网格划分如图6.17所示。

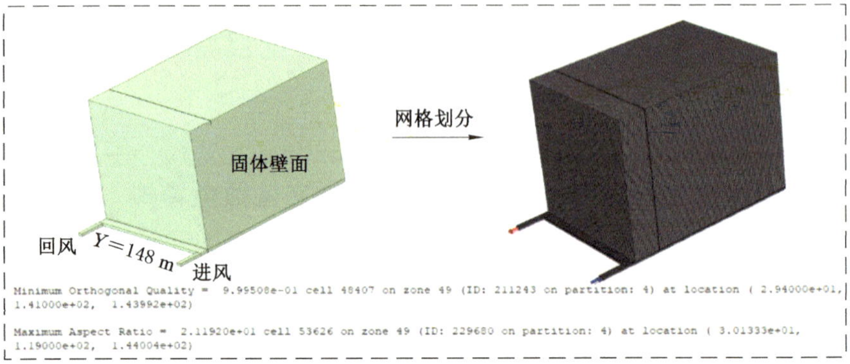

图 6.17　6101 工作面采空区计算模型及网格划分

6.2.1.2　基本假设

对于本次模拟来说，现做出以下假设：

(1) 假设采空区为理想状态下的多孔介质模型，即各向同性，流体主要受到黏性阻力、惯性阻力影响；

(2) 假设多孔介质是均匀的，即在宏观尺度上，多孔介质的性质在空间上是恒定的，这样可以简化模型，减小计算复杂性；

(3) 考虑采空区内部遗煤平均分布，通过平均煤厚与采出率计算理想状态下的遗煤分布；

(4) 气体的生成与消耗以源项的形式进行，不涉及化学反应。

6.2.1.3　模拟参数及边界条件设定

首先模型方面选择 *K-e* RNG 模型，需勾选“Differential Viscosity Model”，该模型通过对湍流能量耗散率的改进，使得 RNG 模型在处理湍流问题时能够更准确地模拟流动现象，同时打开组分输运方程，并将混合材料设置为 methane-air 混合气体，默认存在 CH_4、O_2、CO_2、H_2O、N_2 五种气体，且编号顺序从 0 开始，例如：CH_4 编号为 0，则 N_2 编号为 4，这样有助于后续 UDF 使用 C_YI (cell, thread, 1)宏能较好地捕捉到编号为 1 的 O_2 的质量分数。对固体材料，即遗煤的密度、比热容、导热系数进行创建。

因本次模拟是在无地表漏风条件下的采空区数值模拟，通常需要把地表位置创建的裂隙与空气的交界面设置为固体壁面。同时，在本模型的多个流体区域中，需要对采空区做进一步设定，勾选该流体区域为多孔介质区域，多孔介质内部的流动类型可能会受到多孔介质的结构和性质的影响，需要勾选层流选项，勾选层流选项意味着在多孔介质内部，流动被认为是层流状态，即流体在多孔介质中的流动是有序的、稳定的，并且没有明显的湍流涡旋结构。这通常适用于采空区内部的流速较低、黏性较高或者在多孔介质的孔隙结构比较细小的情况。因为在采空区内部存在遗煤氧化，因此需要勾选源项选项，将 O_2 选定为 UDF 中编写的耗氧速率，以此来较好地模拟采空区遗煤自燃。具体计算模型的初始值及相关参数如表 6.6 所列。

表 6.6 6101 工作面模拟参数设定

序号	初始及边界条件	参数设定	序号	初始及边界条件	参数设定
1	求解器	压力基	8	遗煤密度	1 410 kg/m^3
2	湍流模型	*K-e*	9	遗煤比热容	1 200 J/(kg・K)
3	能量	On	10	收敛指标	10^{-3}
4	时间	稳态	11	湍流强度	2.9%
5	采空区固体壁面	无滑移	12	水力直径	4.186 m
6	入口风流速度	1.069 m/s	13	温度	291 K
7	煤导热系数	0.2 W/(m・K)	14	O_2质量分数	0.23

6.2.1.4 模拟结果分析

由图 6.18(a)可以观测到随着风流的渗入，大量空气被夹裹进入采空区，靠近工作面附近氧气浓度远大于采空区内部，受采空区内部孔隙分布函数与黏性阻力、惯性阻力影响，较多的氧气停留在靠近工作面未知区域，受到遗煤氧化限制，氧气浓度逐渐降低。由图 6.18(b)可知：进风侧的氧气侵入距离大于回风侧的，氧化带中部呈现收缩的趋势，进风、中部、回风三部分的氧化带宽度分别为 44.68 m、28.18 m 和 47.60 m。中部收缩是由于受到采空区孔隙分布函数影响，整体分为压实稳定区、承压碎胀区以及自然堆积区，呈现“O”形分布，因此其氧气侵入量小于进回风侧的氧气侵入量。由图 6.18(c)、(d)可知，随着高度的增加，氧气浓度逐渐降低，与地面接触位置氧气浓度低至 0.01 左右，在未受到地表漏风影响下能较好地反映出 6101 工作面采空区内部的“三带”分布。

为得到采空区氧化带区域面积，利用 Tecplot 进行后处理，具体步骤如下：

(1) 以图 6.18(c)为例，从 Tecplot 软件将云图类型更改为线条与云图；

(2) 将等值线进行标注，并分别选出氧气浓度为 0.08 及 0.18 的等值线，并通过 Value Blanking 功能限制氧气浓度范围为 0.08～0.18；

(3) 将限制出的氧气浓度范围区域进行抽取并导出；

(4) 利用 Perform Integration 功能选取抽取的氧化带范围进行面积计算，

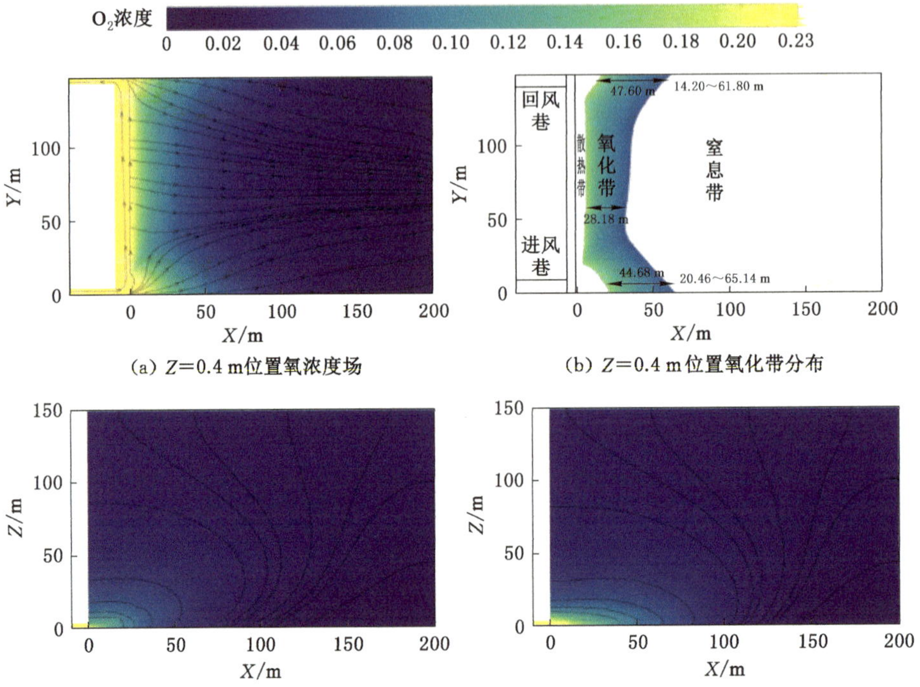

(a) Z=0.4 m位置氧浓度场　(b) Z=0.4 m位置氧化带分布

(c) 工作面纵切面氧浓度场　(d) Y=2.5 m位置切面氧化带分布

图 6.18　6101 工作面无地表漏风条件下采空区自燃“三带”分布及迹线图

具体氧化带面积拟合结果(Z=0.4 m),氧化带面积达 3 404.467 m^2,具体结果如图 6.19 所示。

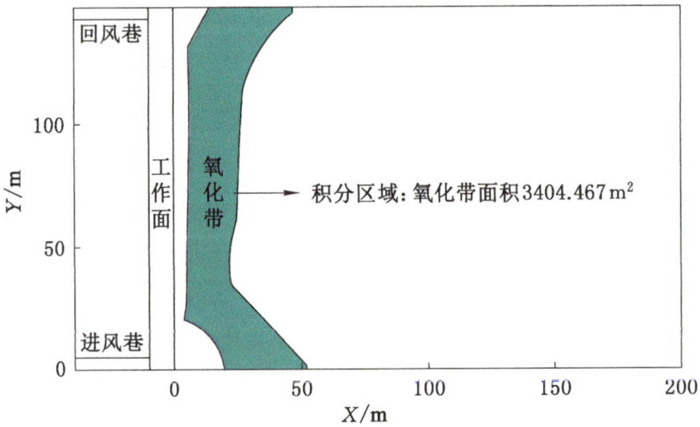

图 6.19　6101 工作面无地表漏风条件下采空区氧化带面积拟合结果

为有效研究采空区内部的氧气分布规律，选取 $Y=2.5$ m、$Y=74.0$ m、$Y=145.5$ m 三条直线，对其线段上的氧气浓度数据进行提取，具体数据见图 6.20。由图 6.20 可知，随着风流的侵入，进风侧与回风侧（即 $Y=2.5$ m 与 $Y=145.5$ m）呈现对称的趋势，氧气浓度均从 0.23 开始下降，当采空区深度到达 200 m 时，内部氧气几乎为 0，而靠近工作面中部区域（即 $Y=74$ m）受到"O"形圈压实影响，氧气侵入采空区内部的距离远不如进风侧和回风侧的。

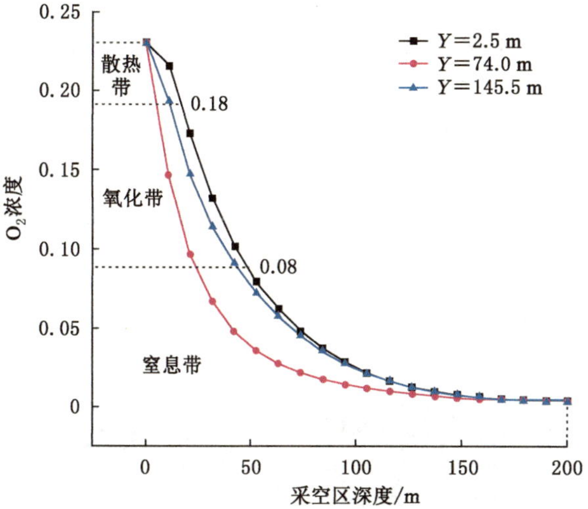

图 6.20 6101 工作面无地表漏风条件下氧气浓度随采空区深度变化

6.2.2 有地表漏风条件下串草圪旦煤矿采空区数值模拟

6.2.2.1 模拟参数及边界条件设定

进风巷设定为速度入口，风速根据矿方提供的 6101 工作面作业规程中的通风量进行计算，混合气体的组分设为氧气，其余为氮气；回风巷出口设定为出流边界（outflow），根据现场实际情况，将顶部裂隙的气流入口设定为压力入口，表压为 0。区域之间的交界面设为 Interface 面。

模型解算初始化时，将各个区域氧气浓度设置为 0，采用 Couple 进行计算，风流温度以及壁面温度遵循 6101 工作面现场实际情况，按照实测温度 18 ℃进行设置，进风巷的氧气浓度为标准空气的 O_2 体积分数为 20.96%，CO_2 体积分数为 0.04%，其他计算模型的初始值与表 6.6 保持一致。

6.2.2.2 模拟结果分析

图 6.21(a)～(d)分别为在遗煤层中部 $Z=0.4$ m 位置氧浓度场图、$Z=0.4$ m

位置氧化带分布图、体渲染图和漏风源位置处纵切面迹线图。由图 6.21(a)可知，气流由进风巷进入，经工作面由回风巷流出，部分风流由液压支架后方渗入采空区，并能到达采空区深处位置。由图 6.21(b)可知，进风侧氧气流入后，在采空区内部形成氧化带，进风侧氧化带范围为 23.03～111.93 m，宽度为88.90 m，而回风侧氧化带范围为 27.41～111.72 m，宽度为 84.31 m，这是由于进风侧风流大于回风侧风流，因此，进风侧氧化带宽度大于回风侧氧化带宽度。由图 6.21(c)可知，当地面存在漏风时，大量气流由黄土层侵入，与地面交接位置氧气浓度可达 0.20，受到采空区三维孔隙分布影响，较多气流由采空区前部渗入，前部氧气浓度可达 0.12～0.18，采空区后部区域氧气浓度可达 0.04～0.08。与无地表漏风条件下的采空区数值模拟相比，存在地表漏风引起了采空区后部氧气浓度上升，同时氧化带变宽。由图 6.21(d)可知，当地面漏风通过裂缝进入地下后，会在 $Z=100$ m 处形成涡流，这是由于底下岩层孔隙分布不均，垮落带孔隙远大于裂隙带与弯曲下沉带孔隙，流体趋向阻力较小的区域，因此会在地下

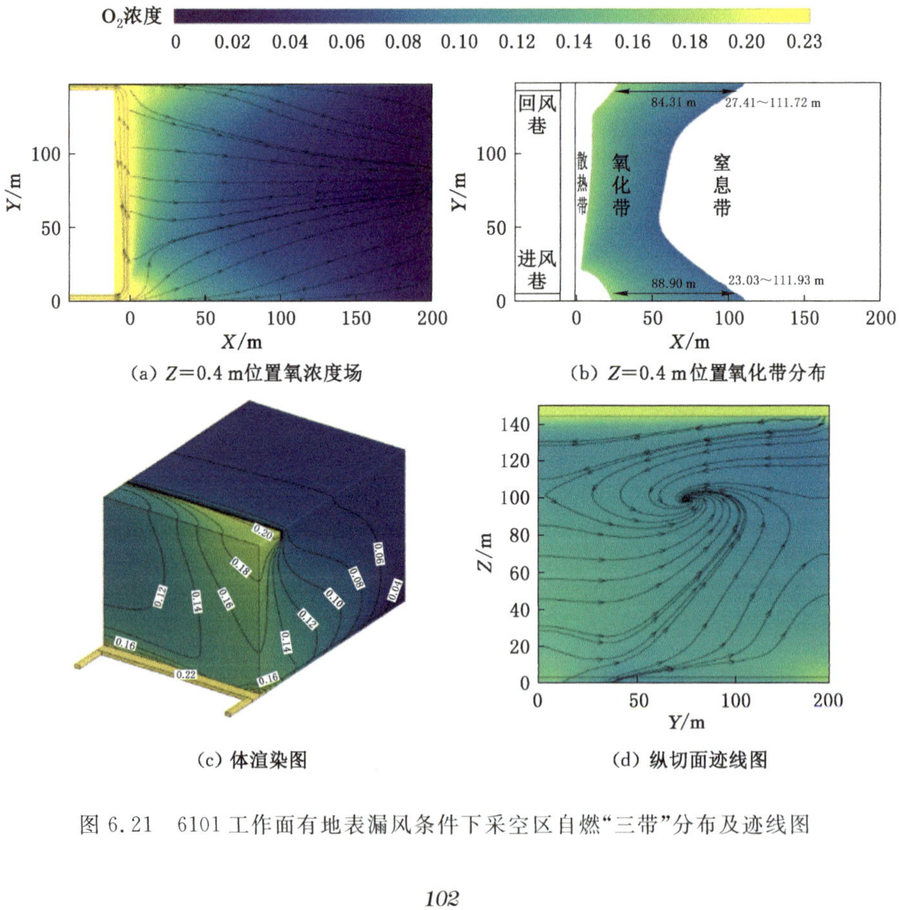

图 6.21　6101 工作面有地表漏风条件下采空区自燃“三带”分布及迹线图

形成涡旋。

为有效了解氧气由地表渗入采空区的分布规律，图 6.22 分别对 $Y=2.5$ m、$Y=74.0$ m、$Y=145.5$ m 三个切面进行渲染。由图 6.22 可知，较多气流由地表裂隙的进风一侧渗入，与地表接触位置氧气浓度可达 0.18 以上，且 $Y=2.5$ m 切面的采空区前部氧气浓度远大于 $Y=74.0$ m、$Y=145.5$ m 两切面的，而采空区后部区域氧气浓度差距较小，这是由于渗入气流较小，受到了以工作面中心位置呈对称分布的孔隙分布与黏性阻力、惯性阻力影响。

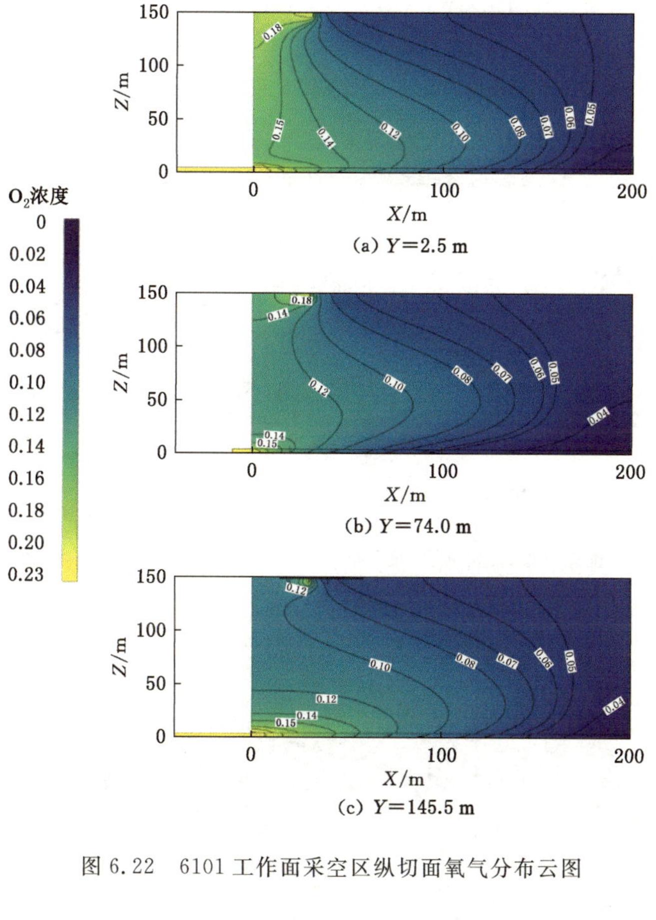

图 6.22　6101 工作面采空区纵切面氧气分布云图

图 6.23 是氧化带面积拟合结果，经 Tecplot 处理后可知，氧化带面积约为 9 042 m^2，是无地表漏风条件下采空区氧化带面积的 2.66 倍。由此可见，地表漏风对采空区火区影响较大，同时为科学有效地指导防灭火提供了参考依据。

图 6.24(a)～(c)分别为以 $Z=0.4$ m 切面下 $Y=2.5$ m、$Y=74.0$ m、$Y=145.5$ m 位置的氧气分布；$X=30$ m(即漏风处)切面下 $Y=2.5$ m、$Y=74.0$ m、

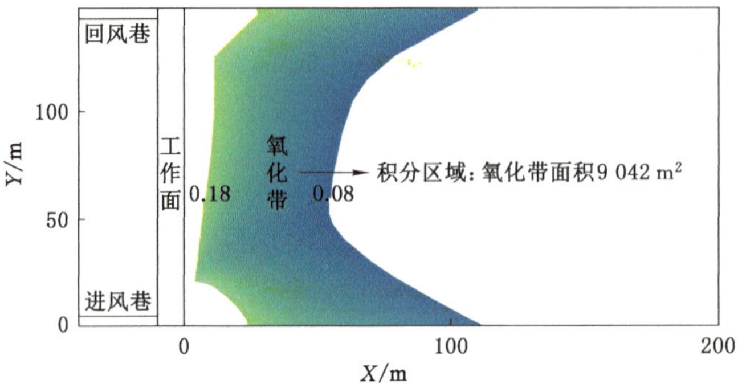

图 6.23　6101 工作面有地表漏风条件下采空区氧化带面积拟合结果

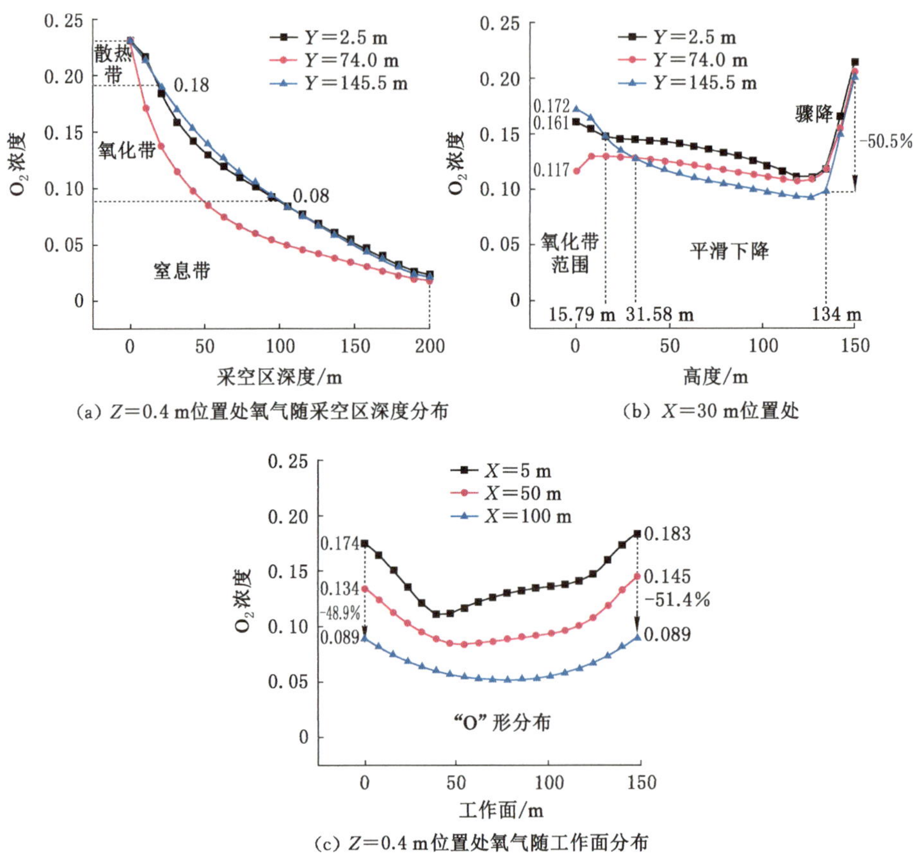

图 6.24　6101 工作面有地表漏风条件下氧气分布曲线

$Y=145.5$ m 的氧气分布；以 $Z=0.4$ m 切面下 $X=5$ m、$X=50$ m、$X=100$ m 的氧气分布。由图 6.24(a)可知，受采空区内部孔隙分布影响，进风侧与回风侧氧气浓度呈现对称分布的趋势，而工作面中心区域压实，氧气侵入较少。由图 6.24(b)可知，随着氧气由地表渗入，受到低孔隙率及黏性阻力、惯性阻力影响，氧气浓度随着高度的降低而骤降，相较于漏风口处降低了 50.5%。当高度到达 134 m 时，降到最低值，而从工作面渗入采空区的气流中氧气浓度随着高度的增加而逐渐降低，且进风侧、工作面中心、回风侧分别在 15.79 m 以及 31.58 m 出现交叉，氧气浓度在中心区域高度上最终呈现进风侧的＞工作面中心位置处的＞回风侧的趋势。由图 6.24(c)可知，受漏风影响，氧气分布呈现对称的趋势，随着采空区的深入，进风侧氧气浓度下降了 48.9%，回风侧氧气浓度下降了 51.4%，整体符合“O”形分布。

6.2.3 基于动网格技术的串草圪旦地表漏风采空区数值模拟

图 6.25 为开采不同时间段内采空区氧化带渲染云图，利用 Fiji ImageJ 软件分别对进风巷深入距离、回风巷深入距离、氧化带面积进行圈定分析。随着工作面的推进，进风巷氧化带宽度由 81.98 m 增加到 114.71 m，并最终达到 134.99 m，整体增长幅度约为 64.66%；回风巷氧化带宽度由 82.56 m 增加到 115.99 m，并最终达到 138.66 m，整体增长幅度约为 67.95%；氧化带面积由 13 360.00 m^2 增加到 19 294.13 m^2，并最终到达 22 597.45 m^2，整体增长幅度约为 69.14%。由此可见，在实际动态开采条件下，地表漏风对于采空区氧化带影响较大。

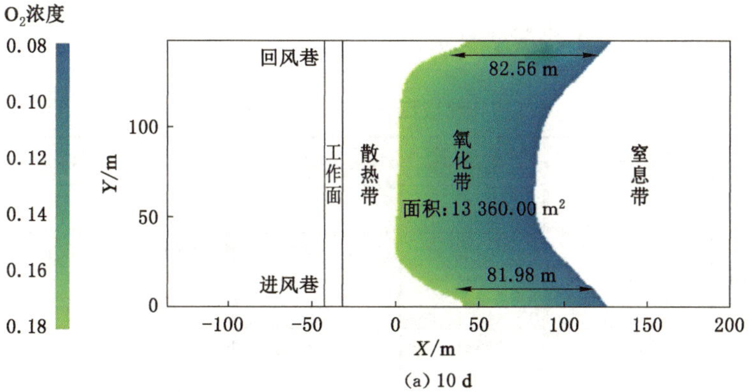

(a) 10 d

图 6.25 氧化带渲染云图

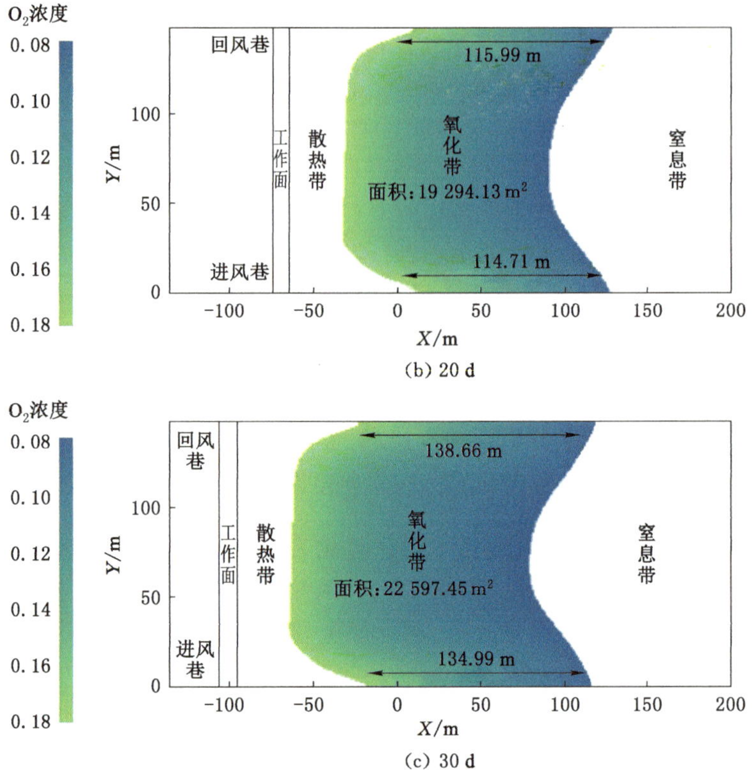

图 6.25 （续）

为有效反映氧化带变化趋势，分别对开采 30 d 内氧化带面积进行取值分析，取值间隔为 2 d，具体数据见表 6.7。

表 6.7 采空区氧化带区域面积

时间/d	氧化带面积/m²	时间/d	氧化带面积/m²	时间/d	氧化带面积/m²
2	7 038.20	12	14 789.07	22	20 137.19
4	8 004.20	14	16 101.13	24	21 542.33
6	9 882.07	16	17 277.06	26	22 107.35
8	11 723.13	18	18 345.07	28	22 107.35
10	13 360.00	20	19 294.13	30	22 597.45

利用 Origin 将上述数据进行绘图，具体见图 6.26。

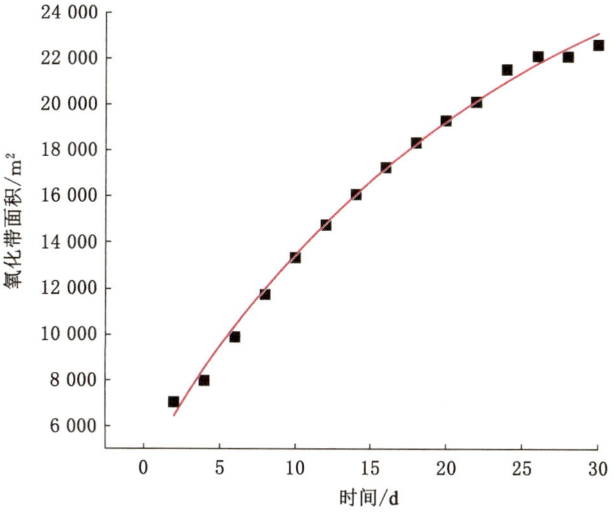

图 6.26　氧化带面积增势图

为有效了解地表漏风对采空区的影响，分别将开采 10 d、20 d、30 d 的模型进行体渲染，具体见图 6.27。由体渲染图可知，随着工作面的推进，受孔隙分布特性影响，较多空气气流向采空区前部蔓延，大量新鲜气流在工作面顶部区域囤积。随着工作面的推进，采空区中部高氧范围逐渐扩大，裂缝后部区域无明显变化。因此在水平方向上，介于裂隙与工作面之间的区域为主要的防治区域。

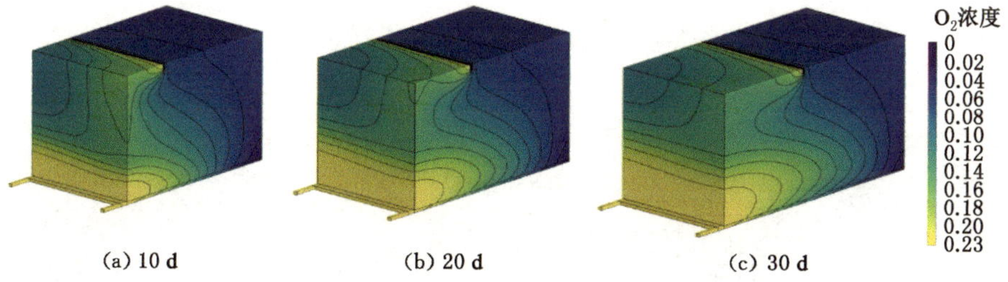

图 6.27　6101 工作面地表漏风采空区体渲染图

为较为直观地观测地表裂隙对遗煤氧化的影响，取 $Z=0.4$ m 遗煤中部位置为切面，分别对(50,37,0.4)、(50,74,0.4)、(50,111,0.4)、(100,37,0.4)、(100,74,0.4)、(100,111,0.4)、(150,37,0.4)、(150,74,0.4)、(150,111,0.4)

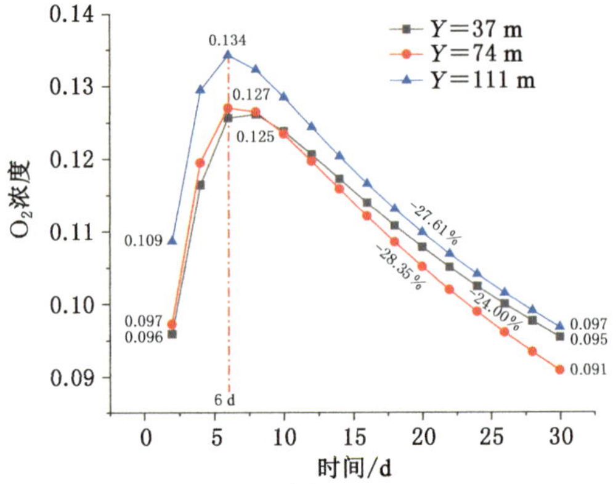

(a) $X=50$ m

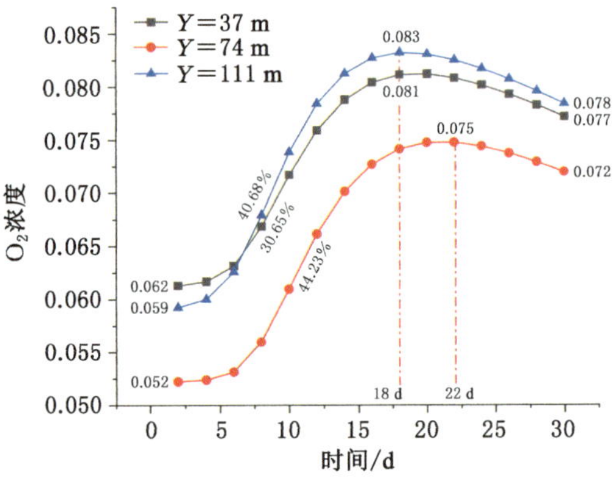

(b) $X=100$ m

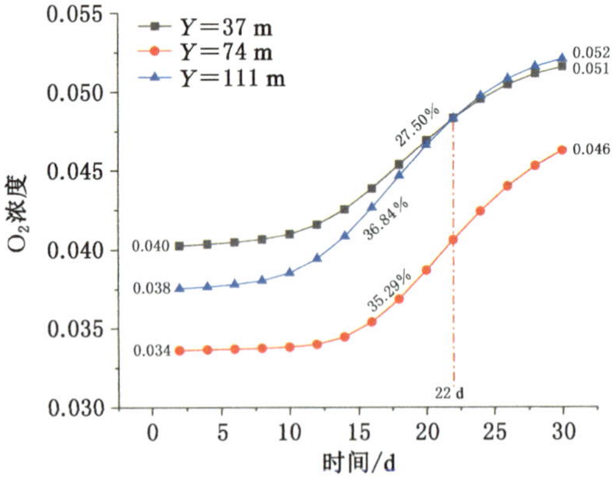

(c) $X=150$ m

图 6.28　不同位置处氧气浓度曲线图

9 个点的数据进行提取并绘制曲线图，如图 6.28 所示。图 6.28(a)～(c)分别为以 X=50 m、X=100 m、X=150 m 为分割，分析采空区前部区域、中部区域、后部区域氧气浓度随推进距离的变化趋势。由图 6.28(a)可知，随着工作面的推进，采空区前部区域氧气浓度出现先增大后减小的趋势，随着后续推进氧气浓度低于 0.08，此后逐渐进入窒息带，氧气浓度最大值出现在第 6 天。由图 6.28(b)可知，随着工作面的推进，采空区中部区域氧气浓度同样出现先增大后减小的趋势，而氧气最大值与采空区前部区域的相比出现了滞后现象，在 18～22 d 氧气浓度达到最大，约为 0.08，进入窒息带；由图 6.28(c)可知，随着工作面的推进，采空区后部区域氧气浓度出现逐渐增大的趋势，可能是由于受到地表漏风影响，少量气流进入窒息带，但总体氧气浓度均低于 0.08，影响较小。

针对工作面中心切面(Y=74 m)与回风巷切面(Y=145.5 m)进行渲染，对工作面推进 10 d、20 d、30 d 进行分析。由图 6.29 可知，受孔隙率影响，“O”形圈内部压实，工作面中心切面位置氧气渗入量小于回风侧的氧气渗入量，但工作面中心位置处向采空区后部区域渗入氧气量要略大于回风侧的渗入氧气量，整体与其他部分云图呈现相同的趋势。

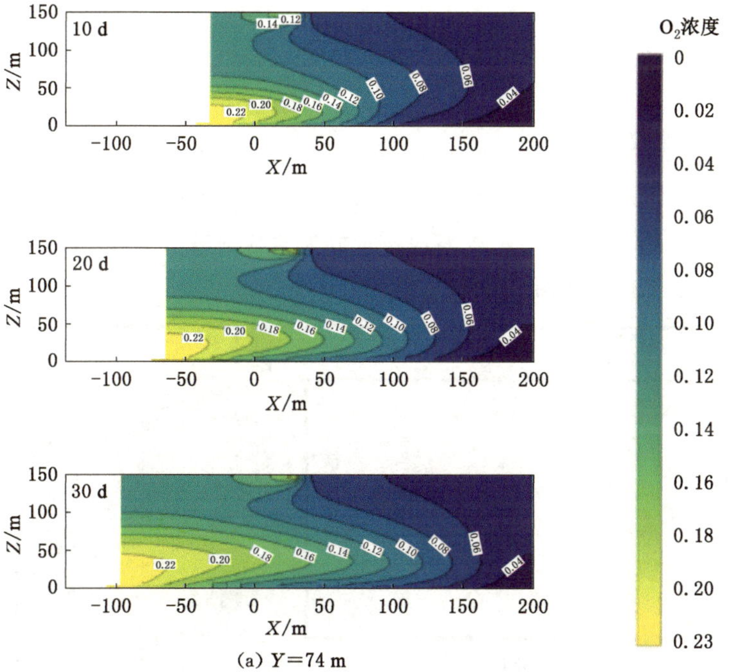

(a) Y=74 m

图 6.29　不同时刻不同切面氧气渲染图

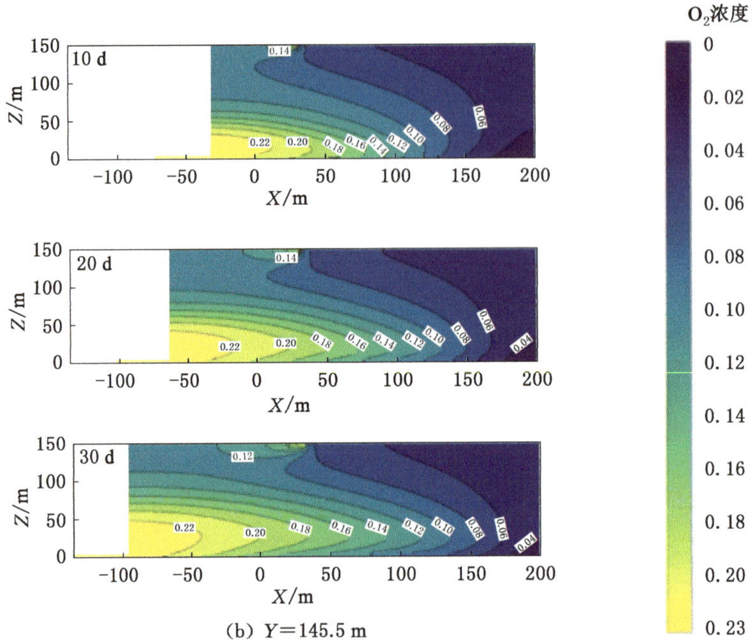

(b) $Y=145.5$ m

图 6.29 (续)

6.2.4 现场效果检验

根据串草圪旦煤矿 6101 工作面采空区“三带”分布特征报告，选择对数据测点 2#、3#、4#、8# 的实测数据与对应位置的模拟数据进行提取汇总，测点区域如图 6.30 所示，实际模拟分析数据如表 6.8 所列。

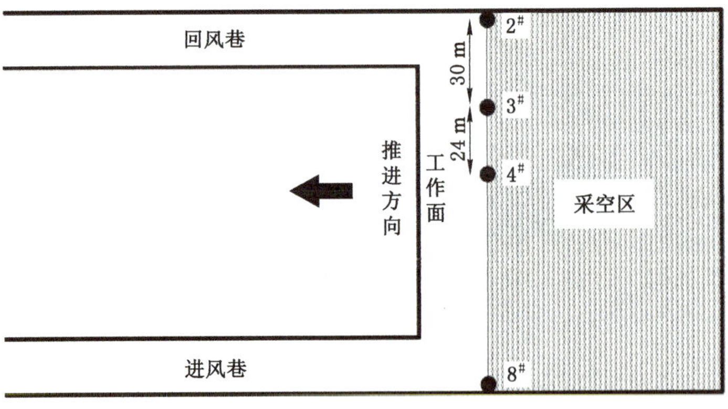

图 6.30 测点布置图

表 6.8 模拟分析数据

工作面推进距离/m	2#(模拟)	3#(模拟)	4#(模拟)	8#(模拟)
15	21.911	20.336	20.601	21.786
25	21.258	19.209	19.212	21.058
35	20.632	18.039	17.742	20.442
45	20.044	16.897	16.369	19.855
55	19.434	15.823	15.112	19.245
65	18.683	14.823	13.951	18.572
75	17.902	13.971	12.964	17.813
85	17.069	13.289	12.18	17.008
95	16.303	12.704	11.526	16.270
105	15.599	12.322	11.113	15.688
115	14.733	11.798	10.565	14.870
125	13.963	11.280	10.037	14.065
135	13.121	10.805	9.563	13.274
145	12.293	10.260	9.022	12.491
155	11.473	9.688	8.451	11.708
165	10.652	9.083	7.842	10.913
175	9.821	8.439	7.191	10.098

测点 2#、8# 分别位于进风巷下隅角和回风巷上隅角，由表 6.8 可知，进回风两侧氧气浓度呈现基本对称趋势，受地表漏风影响，随着向采空区内部深入，氧气浓度逐渐大于进风侧的氧气浓度。将提取的数据点与模拟工况结果进行分析比对，分析氧化带分布趋势与氧气消耗斜率变化，具体见图 6.31～图 6.38。

图 6.31 为 2# 测点模拟与实测数据对比，即距离采空区回风壁面边界 1 m 位置。由图 6.31 可知，由于进风侧风流较大，氧气浓度缓慢下降，实测数据与模拟数据的差距较小，模拟数据中，氧气浓度由起始浓度 0.219 下降至 0.089，下降幅度约为 59.4%，即将进入窒息带范围；实测数据氧气浓度由起始 0.215 下降至 0.081，下降幅度约为 62.3%，采空区深部区域误差较小，符合模拟预期。

图 6.32 为 2# 测点位置氧气消耗斜率变化图，由图 6.32 可知，随着工作面的推进，氧气消耗斜率绝对值出现波动增大后平稳的趋势，推进到 100 m 左右位置处出现局部震荡变化。氧气消耗斜率均以负值进行下降，且下降速率最慢与最快点分别在推进距离为 45 m 与 115 m 距离处，对应氧气消耗斜率分别为−0.000 59 和−0.000 87。随着工作面的推进，采空区内部区域处于压实贫氧环境，氧气消耗速

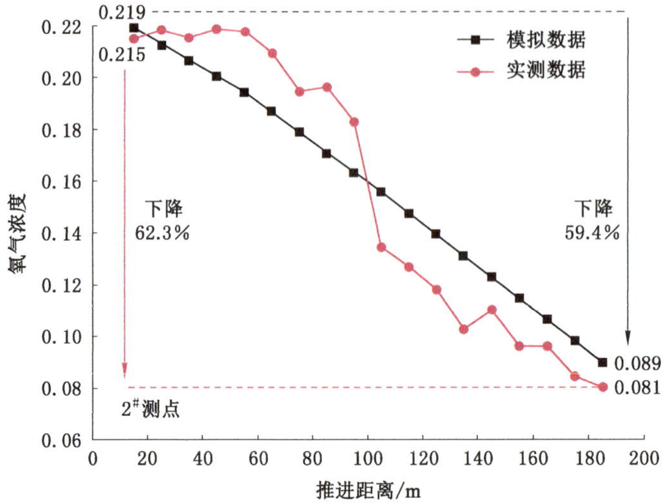

图 6.31　2# 测点模拟与实测数据对比图

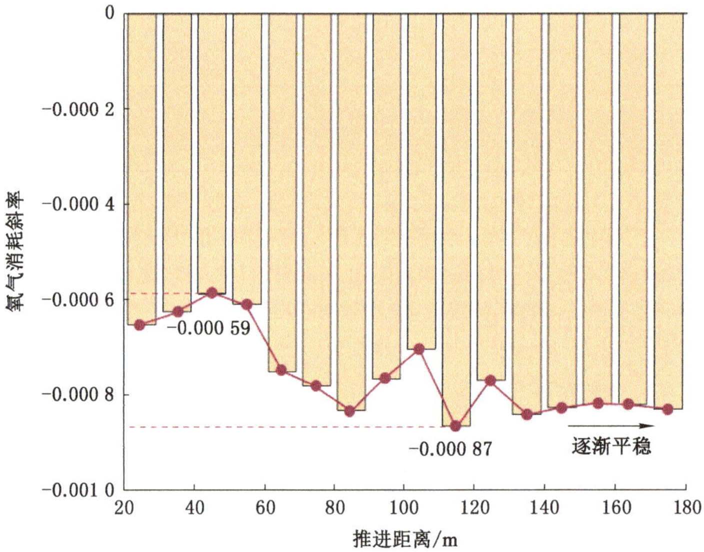

图 6.32　2# 测点位置氧气消耗斜率变化图

率逐渐平稳。

图 6.33 为 3# 测点模拟数据与实测数据对比，即距离采空区回风壁面边界 30 m 位置。由图 6.33 可知，模拟获得的氧气数值下降速率较为平缓，以“凹”形

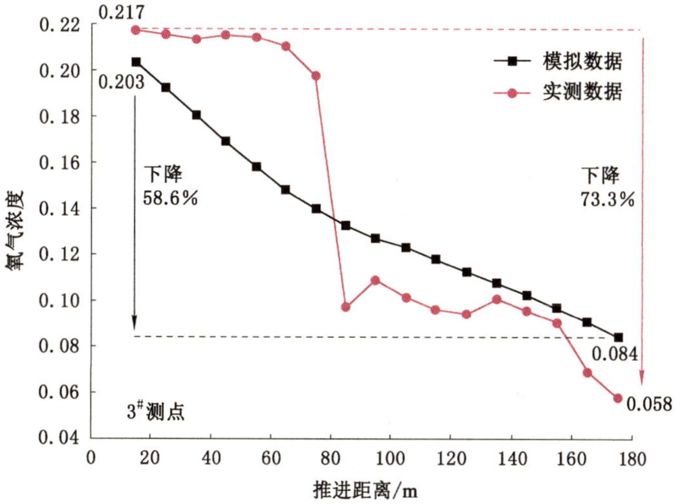

图 6.33　3# 测点模拟与实测数据对比图

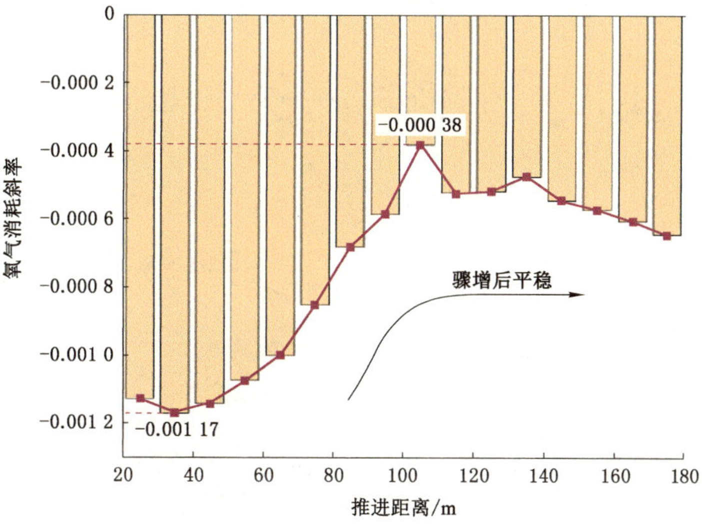

图 6.34　3# 测点位置氧气消耗斜率变化图

弧形形式进行下降，而实测数据存在上下浮动间断点。模拟数据由初始 0.203 降到 0.084，累计下降 58.6%；实测数据由初始 0.217 降到 0.058，累计下降 73.3%。模拟数据在推进距离为 175 m 左右接近窒息带，实测数据在推进距离为 160 m 左右逐渐进入窒息带。

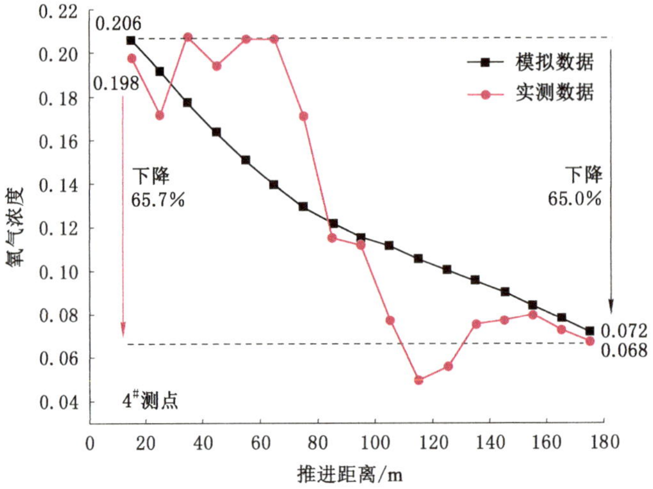

图 6.35　4# 测点模拟与实测数据对比图

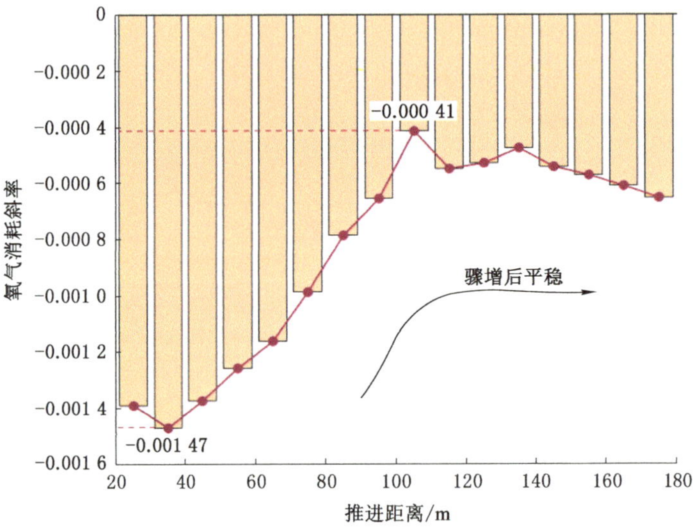

图 6.36　4# 测点位置氧气消耗斜率变化图

图 6.34 为 3# 测点位置氧气消耗斜率变化图。由图 6.34 可知，随着工作面的推进，氧气消耗斜率出现逐渐增大后平稳的趋势，与 2# 测点不同，3# 测点位置氧气消耗斜率在推进到深部区域处，斜率保持在−0.000 6 左右，大于 2# 测点位置氧气浓度深部区域氧气消耗斜率，即进风区域氧气消耗速率略大于中部区

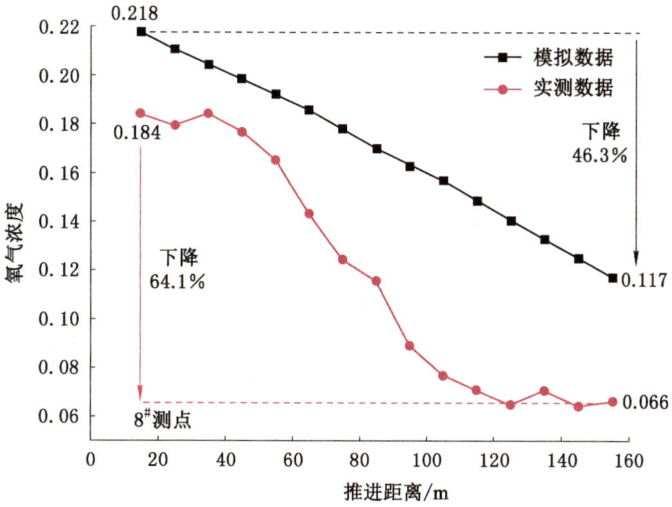

图 6.37 8# 测点模拟与实测数据对比图

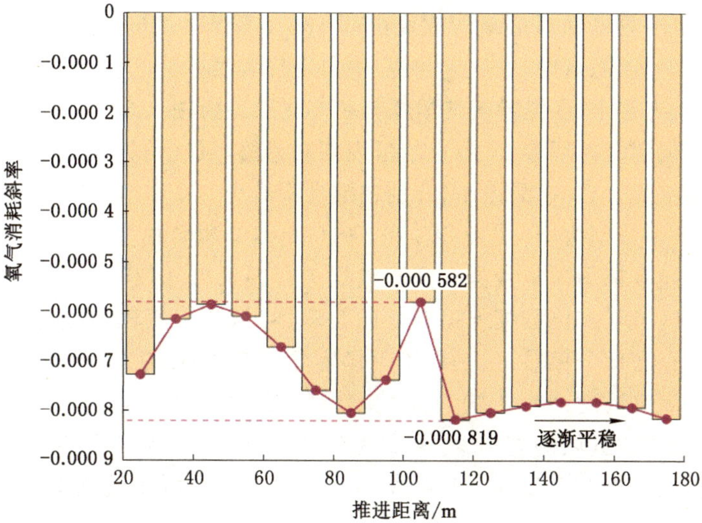

图 6.38 8# 测点位置氧气消耗斜率变化图

域氧气消耗速率，符合真实情况。氧气消耗斜率最小点与最大点分别出现在推进距离为 35 m 和 105 m，斜率分别为 −0.001 17 和 −0.000 38，与进风巷 2# 测点相比，斜率突变点出现了提前。

图 6.35 为 4# 测点模拟数据与实测数据对比，即距离采空区回风壁面边界

54 m 处数据集。由图 6.35 可知，随着工作面的推进，靠近工作面中心区域位置氧气浓度下降速率大于 3# 测点与 2# 测点位置的下降速率。模拟数据中，进风测量区域与末端采空区深部区域氧气浓度下降约 65.0%，实测数据下降速率约 65.7%；实测数据中，中心区域震荡变化，但总体数值降幅与模拟的相差较小。

图 6.36 为 4# 测点位置氧气消耗斜率变化图。由图 6.36 可知，随着工作面的推进，与 3# 测点的规律保持一致，氧气消耗斜率出现逐渐增大后平稳，分别在推进距离为 35 m 和 105 m 出现最小值与最大值，斜率分别为 −0.001 47 和 −0.000 41。与 3# 测点不同的是：工作面刚开始推进时，4# 测点氧气消耗斜率为 −0.001 47，比 3# 测点的略低 25.6%，即 3# 测点氧气浓度变化更为剧烈，这与风流在多孔介质中运移的特性有关，采空区内部氧气浓度低于工作面附近的，两侧区域的大于中心区域的，氧气浓度与耗氧速率呈促进关系，氧气浓度越大，耗氧速率越高。

图 6.37 为 8# 测点模拟数据与实测数据对比，即距离采空区进风壁面边界 1 m 处数据集。由图 6.37 可知，随着工作面的推进，模拟数据回风侧氧气浓度出现了平稳下降的趋势，由初始氧气浓度 0.218 下降到 0.117，整体下降 46.3%；而实测数据回风侧氧气浓度由 0.184 下降到 0.066，整体下降 64.1%。在 2#、3#、4#、8# 测点中，仅在 8# 测点中出现较大误差。

图 6.38 为 8# 测点位置氧气消耗斜率变化图。由图 6.38 可知，8# 测点氧气消耗斜率变化图与回风巷 2# 测点的呈现相同趋势，氧气消耗斜率绝对值出现先波动增大后平稳。在 8# 测点中，分别在推进距离为 105 m 和 115 m 出现最大值和最小值，斜率分别为 −0.000 582 和 −0.000 819，两者相差 40.7%。

通过上述 8 幅图模拟数据与实测数据进行验证可知，模拟过程中回风侧和采空区中心区域与实测数据保持较好的关联性，拟合数值较为理想，符合预期；而进风侧的存在部分偏差，这是由于现场实际复杂工况，注氮、注浆等防灭火措施会对内部氧气浓度产生影响，同时模拟时也未考虑人员通行、设备放热等因素。受煤岩影响，进风侧周围 9# 测点受到破坏，9# 测点缺少相应的验证信息，无法验证实测数据的有效性。整体模拟的数据误差在可接受范围内，符合模拟要求。

6.3 本章小结

(1) 结合红树梁煤矿 6106 工作面、串草圪旦煤矿 6101 工作面实际情况，写入渗流参数（孔隙率、黏性阻力、惯性阻力、耗氧速率等），构建采空区三维模型，以氧气浓度指标划分采空区煤自燃“三带”。模拟得出红树梁煤矿 6106 工作面无地表漏风条件下进风侧氧化带范围为39.27～77.71 m,回风侧氧化带范围为23.40～61.64 m;串草圪旦煤矿6101工作面无地表漏风条件下进风侧氧化带范围为20.46～65.14 m,回风侧氧化带范围为14.20～61.80 m。

(2) 在原模型基础上创建地表裂隙,模拟存在地表漏风工况,发现采空区内存在地表漏风时回风巷位置出现负压,靠近上隅角漏风量大,导致氧化带逐渐呈现沿着工作面中心对称分布的趋势,较无地表漏风工况明显扩大。氧气浓度在中心区域高度上最终呈现进风侧的＞工作面中心位置处的＞回风侧的趋势。

(3) 采用动网格技术研究工作面动态推进时氧化带范围变化,发现随着工作面的推进,内部氧化带范围进一步扩大,但宽度的增加速率逐渐降低,原因是工作面的推进导致地表裂隙相对于氧化带的范围逐渐后移,裂隙的水平位置逐渐靠近窒息带,漏风对采空区内部煤自燃的影响逐渐降低。

7 采空区泡沫灌注协同防灭火技术研究

防治采空区煤自燃是煤矿开采过程中需要重点关注的领域，开滦集团下属红树梁煤矿和串草圪旦煤矿在开采过程中，均使用了均压防灭火手段，通过在回风巷道加设风门或者风机等方式调节区域压力分布，降低工作面压力，从而减少采空区漏风，取得了较好的抑制煤自燃防治。本章旨在开展采空区泡沫-均压协同防灭火研究，为开滦集团各矿区煤炭自燃的高效防控提供重要的基础理论及创新科技支撑，提升矿井防灭火的应急救灾综合技术水平。

7.1 泡沫灌注对采空区防灭火效果影响

7.1.1 采空区防灭火泡沫灌注管路布置

针对采空区煤自燃的防治，目前主要采取的措施主要有注浆、注惰气、注阻化剂、注凝胶等技术，而相对于以上防灭火技术，泡沫具有堆积性强、覆盖范围广、流动性强的特点，所以泡沫广泛应用于采空区煤自燃防治。为满足串草圪旦煤矿 6101 工作面采空区的防灭火需求，对该采空区使用泡沫防灭火，通过泡沫的精准灌注，达到对采空区降温和稀释氧气浓度的效果，从而实现防灭火目的。为了研究泡沫注入后对采空区“三带”的影响，采用数值模拟的方法分析泡沫注入对 6101 工作面氧化带范围的影响，结合 6101 工作面的具体情况进行相关分析，从而为 6101 工作面采空区防灭火提供理论指导。为达到上述目的，采用 ANSYS FLUENT 软件，在原有模型的基础上进行打孔注泡沫，运用多相流的方法，对泡沫注入后的效果进行研究。

串草圪旦煤矿 6101 工作面采用拖管注泡沫的方法，通过 6101 工作面辅运巷(进风巷)，沿采空区埋设 50 m 的厚壁钢管作为注氮管路，采空区内末端钢管为 12 m 长的花管，管口封堵，以利于泡沫扩散。泡沫注入管路利用工作面的超前支架作为牵引，注泡沫管路随着工作面的推进而移动，使其埋入采空区的深度始终为 50 m 左右，6101 工作面泡沫注入管路如图 7.1 所示。

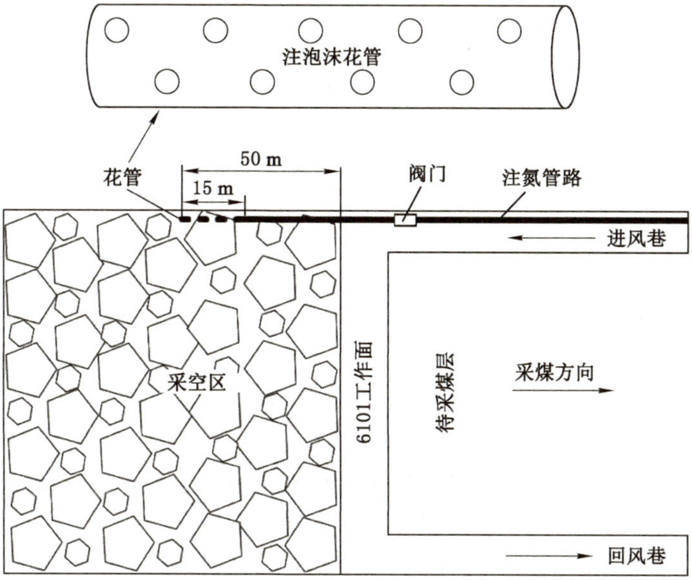

图 7.1 采空区泡沫注入管路

7.1.2 采空区防灭火泡沫注入几何模型

结合花管注入泡沫防灭火的工艺过程，泡沫注入位置在串草圪旦煤矿 6101 工作面采空区的底层，于是在原有采空区的基础上，在靠近进风巷采空区的壁面上设置泡沫注射区域。由于钻孔直径较小，相对于采空区的尺寸特征不明显，同时花管壁面上的管孔能够使得泡沫注入的面积扩大，呈现一种向四周扩散的效果，于是在管路原有尺寸基础上适当增大，以达到较好的模拟效果。泡沫注入的几何模型如图 7.2 所示。

6101 工作面采空区的孔隙率、进风巷的风速，以及采空区耗氧速率等参数与上述参数设置相同，在原有参数的基础上，将泡沫注入口设置为速度入口，按照泡沫注入量 3 000 m^3/h 进行换算成注入速度，对采空区灌注泡沫。

7.1.3 泡沫注入采空区的行为特征

泡沫通过管道注入 6101 工作面采空区的过程，相当于流体在多孔介质区域流动的问题，当泡沫注入采空区之后，泡沫本身具有的液相属性会导致泡沫沿着采空区的孔隙流动，而泡沫内部包含的氮气也会随着泡沫的注入在采空区内挥发，从而影响 6101 工作面采空区内部情况。为了更好地分析泡沫注入对 6101

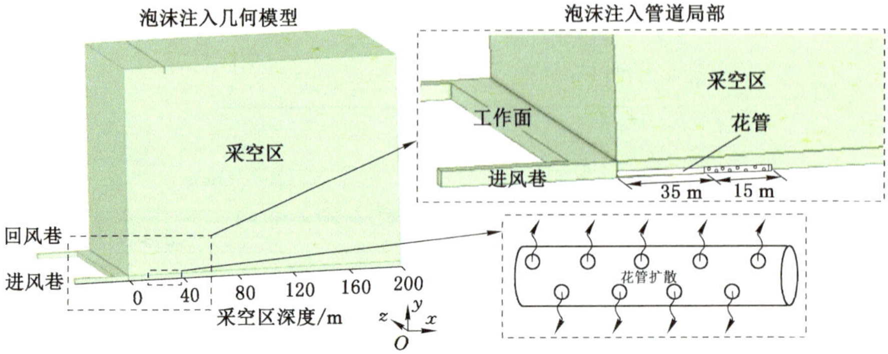

图 7.2　采空区泡沫注入的几何模型

工作面采空区自燃“三带”的影响，通过对比泡沫注入前后 6101 工作面采空区内部压力场分布，为后续的分析提供有效参考。

由图 7.3 可知，在往 6101 工作面采空区注入泡沫前采空区内部出现大量负压区域，这是由于新鲜风流快速经过工作面，根据伯努利原理可知在采空区内部的多孔介质区域形成了负压区。根据多孔介质孔隙分布的特点，6101 工作面的新鲜风流少量涌入采空区，这些涌入的风流的风压很难弥补工作面通入的新鲜风流在采空区产生的负压，故负压区域大面积存在于采空区中。当泡沫从注入口注入 6101 工作面采空区时，泡沫中夹带的氮气，从注入口向采空区扩散，采空区的负压区域收缩，导致采空区负压面积缩小。由于注入口注入泡沫所施加的压力，注入口处形成了一定面积的正压区域，并且正压区域沿着注入口呈现不规则的环形扩散，6101 工作面采空区内部的压力场呈现明显的变化。正压区域的环形扩散在横向上分为两个方向，分别是朝工作面扩散和朝采空区后方扩散，可以明显看出正压区域往采空区后方的扩散速率明显高于正压区往工作面的扩散速率。

7.1.4　泡沫注入采空区对氧化带影响

6101 工作面采空区注入泡沫时，泡沫所具有的一些气相和液相的特性，会导致 6101 工作面采空区内部的气体扩散发生变化，从而使得采空区氧化带发生一定的改变。而氧化带的改变很大程度上反映了 6101 工作面采空区火区的变化，为了研究泡沫注入对 6101 工作面采空区火区的影响，对比了泡沫注入后采空区“三带”的变化特征。已知泡沫注入方式为花管注入，注入长度为 15 m，通过注入泡沫的总量，将入口换算成流速为 0.2 m/s，得到 6101 工作面采空区 Z—

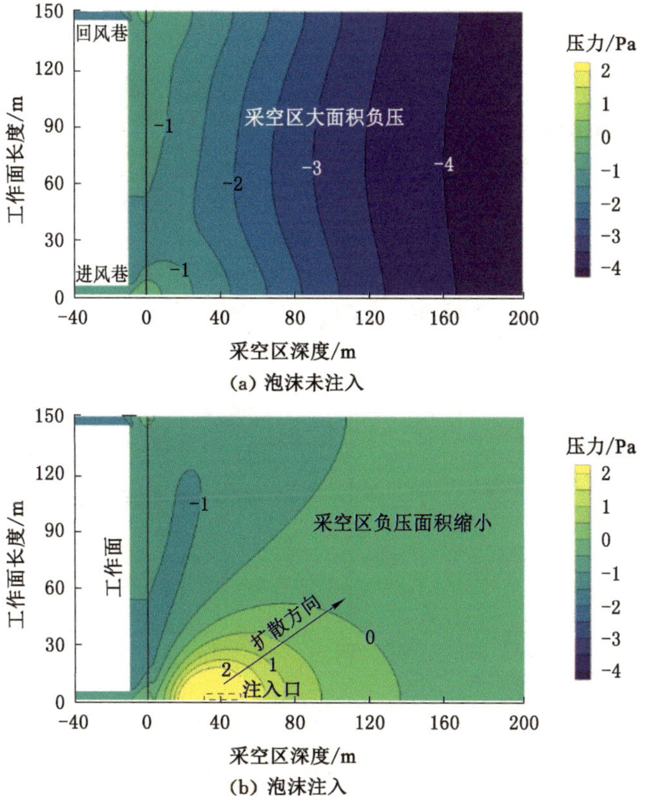

图 7.3 Z=0.5 m 平面上泡沫注入前后采空区压力场分布变化

0.5 m 平面上氧化带分布随时间的变化情况，如图 7.4 所示。

由图 7.4 可知，随着泡沫的注入能够大幅度地改善 6101 工作面采空区氧化带的分布情况。从图中可以观察到，当泡沫通过花管在进风侧采空区 15～35 m 的位置注入时，注入 4 d 后，花管注入周围的氧化带快速收缩，原本进风侧氧化带的深度是高于回风侧的氧化带深度的，但是当泡沫注入后，这样的情况出现反转，泡沫注入对于进风侧氧化带的影响作用相对较大。同时随着泡沫注入时间的推移，6101 工作面采空区氧化带的面积不断缩小，氧化带的分布也发生了一定幅度的改变，6101 工作面采空区氧化带的面积也从 t=0 d 时的 3 045 m^2，经过 10 d 的泡沫注入，在 t=10 d 时收缩至 505 m^2。

这种情况的出现是泡沫的两相特性导致的，一方面泡沫中含有的液相成分，能够在注入 6101 工作面采空区之后，在花管周围快速形成区域性的封堵，并且能对花管周围形成快速降温，从而导致氧气在花管周围出现难以扩散的情况，封

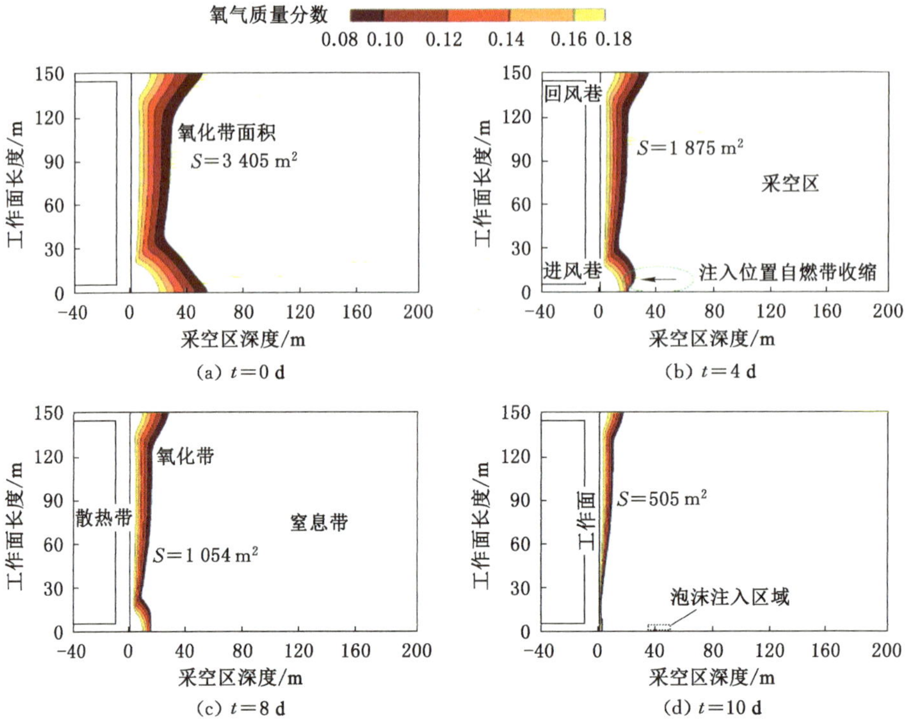

图 7.4　采空区氧化带分布随注入时间变化趋势($Z=0.5$ m)

堵了氧气进入采空区的途径;另一方面,受制于泡沫的流动性质,泡沫扩散空间有限,所以对泡沫注入另一端的影响较小。但是泡沫注入之后,泡沫在 6101 工作面采空区扩散到一定区域之后,泡沫中包含的氮气继续扩散,对泡沫注入口另一端也产生了一定影响,导致另一侧的氧化带有一定程度的收缩。由此可见,泡沫的注入对于 6101 工作面采空区氧化带的治理产生了很好的效果。为了更加直观地展示泡沫注入 6101 工作面采空区之后氧化带的治理效果,提取了采空区氧化带面积随泡沫注入天数的变化情况,如图 7.5 所示。

由图 7.5 可知,随着泡沫注入 6101 工作面采空区天数的不断增加,6101 工作面采空区氧化带的面积出现明显下降,但是下降的速率随着时间的推移也会出现一定程度的变化。在泡沫注入的 0～4 d 内,6101 工作面采空区氧化带的平均下降速率为 382.5 m^2/d;在泡沫注入的 4～10 d 内,氧化带的下降速率为 228.3 m^2/d;在泡沫注入的 10～14 d 内,氧化带的下降速率为 77.75 m^2/d。由此可见,随着泡沫注入天数的推移,6101 工作面氧化带面积的下降速率逐渐减弱,泡沫注入在一开始呈现出很好的效果,随着 6101 工作面火区面积的缩小,同

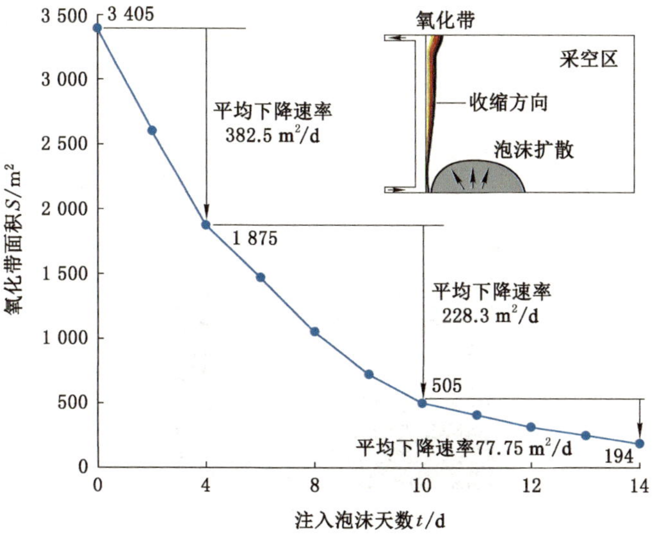

图 7.5 氧化带面积随泡沫注入天数变化趋势

时由于泡沫性质，泡沫对 6101 工作面采空区氧化带的作用逐渐减弱。

7.2 泡沫灌注和均压协同对采空区防灭火影响

7.2.1 均压风门模拟参数确定

均压防灭火技术是一种防止采空区漏风的常规技术，通常可通过调压风机、调节风门、风窗等通风措施调节工作面某个区域的压力分布，进而改变工作面往采空区漏风的情况。均压技术由于成本低、安装方便、效率高等特点，被用于防灭火领域。针对串草圪旦煤矿 6101 工作面采空区煤自燃治理也采用了均压防灭火的方式，模拟模型如图 7.6 所示。

如图 7.6(a)所示，针对串草圪旦煤矿 6101 工作面均压防灭火的模型基本沿用了上文中采用的模型，但是由于风门的设置位置在距离工作面 100 m 的位置，因此在原来进风巷和回风巷的基础上，将原来的 30 m 长度增加为 100 m，以适应风门的位置。根据现场的实际测量，风门的旁边预留了带式输送机的位置，考虑到此处也会出现一定量的漏风，将风门的尺寸设置为 2.0 m(宽)×1.8 m(高)。将风门所在位置设置为自然出流(outflow)边界，以达到风门在回风巷的效果，6101 工作面采空区和回风巷的参数保持不变。

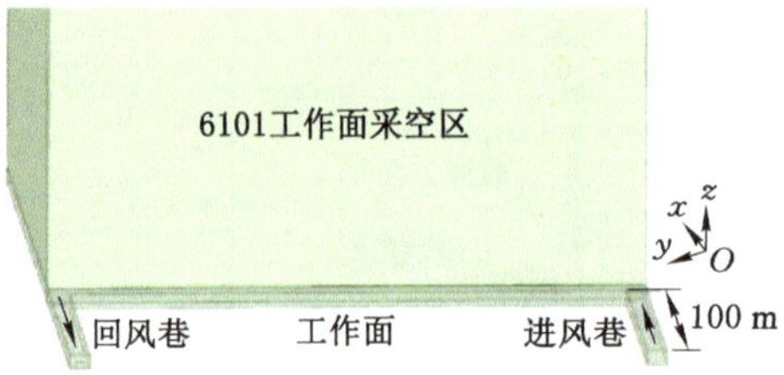

(a) 均压防灭火模型

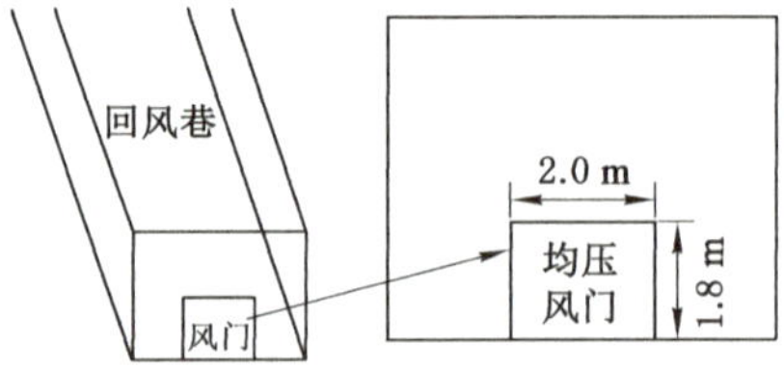

(b) 均压风门尺寸

(c) 均压风门现场实拍

图 7.6　6101 工作面均压防灭火建模及尺寸

7.2.2　均压技术使用前后模拟结果分析

由于巷道长度从 30 m 增加到 100 m，巷道的长度出现了大幅度的改变，相对于之前的模拟来说，工况的改变会导致模拟结果出现大幅度改变。因此重新模拟计算了巷道长度为 100 m 情况下，6101 工作面采空区“三带”的分布情况，得到了新的模拟结果，并将均压技术使用前后进行了对比，如图 7.7 所示。

由图 7.7 可知，当 6101 工作面进风巷和回风巷加长之后，采空区“三带”的分布趋势没有明显的变化，大致遵循之前的分布特征。通过对比发现，6101 工作面未采取均压措施之前，以氧气质量分数为 0.08～0.18 划分氧化自燃的情况下，氧化带的面积为 3 312 m^2，氧化带距工作面的最近距离为 4.4 m，最远距离为 54.7 m。当针对 6101 工作面采取均压措施之后，可以看出采空区的纵向宽度发生了明显的改变，6101 工作面采空区氧化带的面积缩小为 1 556 m^2，氧化带距工作面的最近距离为 7.3 m，最远距离为 44.5 m，这个数值进一步验证了采取均压措施后 6101 工作面采空区出现了明显的变化。通过上述分析来看，采取均压措施对串草圪旦煤矿 6101 工作面采空区的火区有一定的抑制作用。

7.2.3　泡沫注入和均压风门作用下模拟结果分析

为了获取对串草圪旦煤矿 6101 工作面采用泡沫注入和均压风门相结合的采空区治理效果，在原有设置的基础上，在数值模拟中加入了泡沫注入口和均压

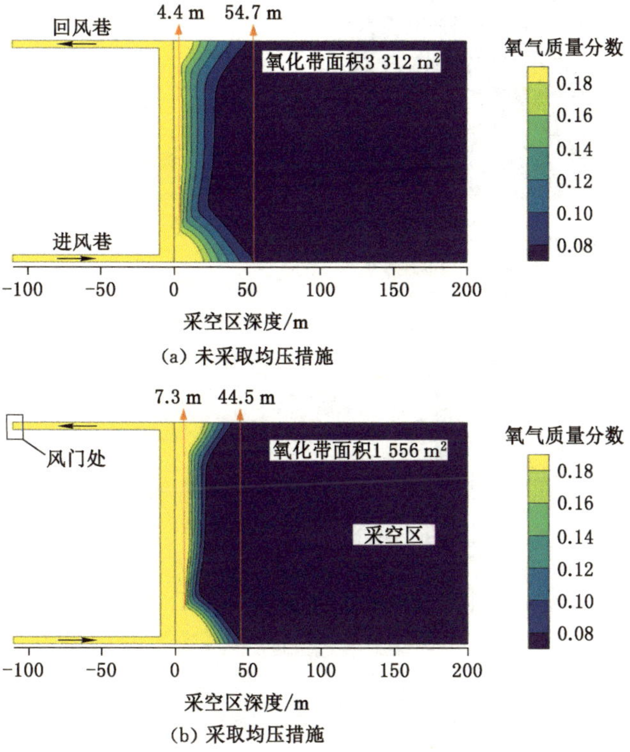

图 7.7　未采取和采取均压措施下新模型采空区三带分布($Z=0.5$ m)

风门,使用的采空区、工作面和巷道的相关参数与上文保持一致,模拟得到的结果如图 7.8 所示。

通过图 7.8 和图 7.7 相结合可以看出,在采用均压风门和注泡沫对 6106 工作面采空区进行治理之后,6101 工作面采空区的氧化带出现明显缩小,并且氧化带更加靠近工作面,相比于仅使用均压风门进行治理,6101 工作面采空区的氧化带面积缩小了 1 378 m^2,此时氧化带的面积为 178 m^2。由图 7.8(b)和(c)可以看出,6101 工作面泡沫注入口的流线呈现环形扩散,并且在回风巷距工作面深度 17 m 处出现风流的交汇。在风门处的流线由于受到周围壁面的封堵,集中汇入风门处,从而达到了均压的效果。综上所述,在对串草圪旦煤矿 6101 工作面采取均压和注泡沫的方式进行防灭火之后,对于采空区氧化带有明显的缩小作用,这表明均压和注泡沫相结合的方式能够有效治理 6101 工作面采空区的火区。为了进一步探究均压和注泡沫相结合的方式对 6101 工作面采空区火区的治理效果,提取了未采取治理措施、采取均压治理措施、均压和注泡沫相结

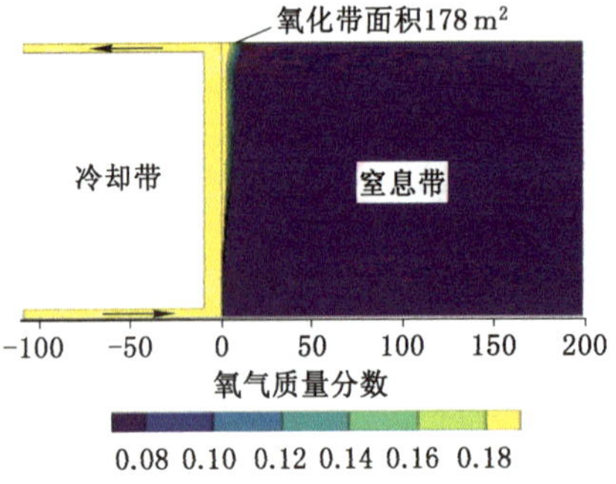

(a) 均压和注泡沫作用下采空区“三带”

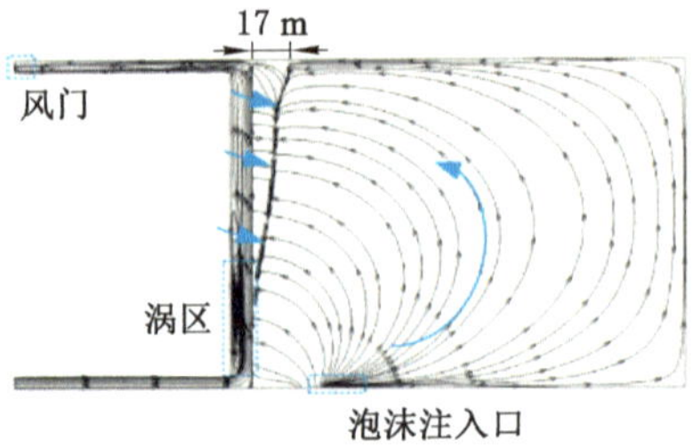

(b) 均压和注泡沫作用下采空区流线

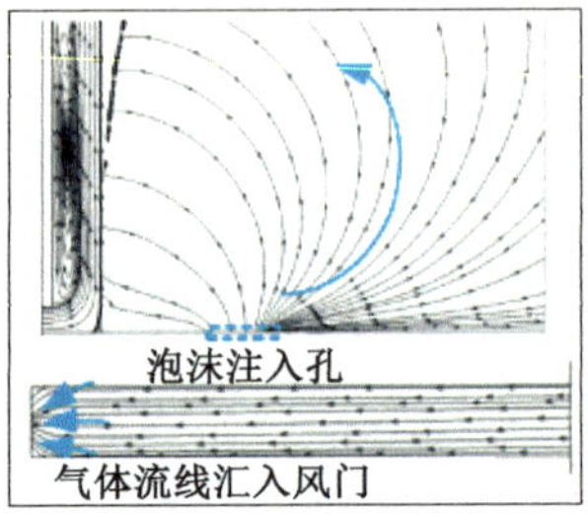

(c) 泡沫注入处和风门处流线细节

图 7.8　均压和注泡沫相结合治理下采空区“三带”分布和流线分布

合治理措施三种不同方案，6101 工作面不同距离处的氧化带宽度，如图 7.9 所示。

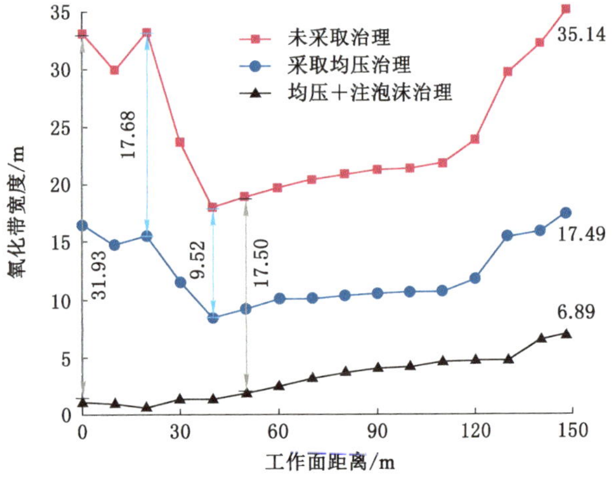

图 7.9　三种不同治理措施下氧化带宽度随工作面距离的变化

由图 7.9 可知，相比于其他两种治理方式，针对 6101 工作面采取均压和注泡沫相结合的治理方式，对采空区的火区有明显的治理效果。经过均压和注泡沫治理之后，6101 工作面采空区的氧化带已经不满足“O”形分布，并且随着工作面距离的不断增大有小范围的增长趋势。在仅仅采取均压的方式进行治理下，6101 工作面氧化带宽度最大缩小了 17.68 m，最小缩小了 9.52 m；而采取均压和注泡沫相结合的方式下，6101 工作面氧化带宽度最大缩小了 31.93 m，最小缩小了 17.50 m。以上所述表明，均压和注泡沫相结合的治理方式，比单纯使用均压的治理方式，对 6101 工作面采空区的火区抑制有更好的效果。

7.3 本章小结

(1) 结合串草圪旦煤矿 6101 工作面实际情况，在原有模型的基础上重新搭建了均压风门和泡沫注入口，以氧气浓度为指标重新划分了泡沫注入条件下 6101 工作面采空区“三带”，得出在泡沫的治理下采空区氧化带得到明显的缩小，经过 10 d 的治理，采空区氧化带面积从 3 405 m^2 缩小到 505 m^2。

(2) 针对 6101 工作面均压风门的位置，将巷道长度从 30 m 增加到了 100 m，对比了均压防灭火措施使用前后 6101 工作面采空区氧化带分布变化，模拟结果显示均压风门对于火区的治理有一定的效果，使用均压措施后，6101 工作面采空区的氧化带面积从 3 312 m^2 缩小到 1 556 m^2；火区的最大深度从 54.7 m 缩短到 44.5 m，针对 6101 工作面使用均压措施取得了一定的防灭火效果。

(3) 对比了未采取治理措施、采取均压治理措施、采取均压和注泡沫相结合治理措施这三种情况下 6101 工作面氧化带宽度随工作面距离的变化，发现均压和注泡沫相结合的治理措施比单独使用均压措施氧化带缩短得更加明显；仅采取均压治理时，6101 工作面氧化带宽度最大缩短 17.68 m，最小缩短 9.52 m；采用均压和注泡沫相结合治理方式，氧化带宽度最大缩短 31.93 m，最小缩短 17.50 m。

8 结　论

煤自燃是煤矿开采过程中主要灾害之一，不仅烧毁大量煤炭资源，还间接造成数十倍的呆滞资源不能开采和利用。本书通过大量调研开滦集团下属矿井煤炭自燃特点，发现内蒙古矿区浅埋藏漏风和唐山矿区裂隙失水极易造成煤预氧化问题，而目前对预氧化煤自燃过程中特征温度和指标气体的规律研究不明确。同时开滦集团在预防采空区煤自燃方面，广泛采用的阻化灭火存在覆盖范围有限、阻化效率低的问题，尤其在应对大空间采空区高位隐蔽火源过程中，阻化效果不理想。内蒙古矿区煤层赋存浅，地表漏风大，煤层易氧化，目前尚未开展大漏风条件下漏风规律及氧化自燃区域研究。为此本书提出了开展不同预氧化时间煤炭自燃动力学规律、新型复合钙化泡沫自燃防控技术和动态开采条件下地表漏风对煤矿火区分布规律影响研究。得到以下研究结论：

(1) 搭建了煤自燃实验平台，对不同预氧化时间、不同粒径煤样的氧化动力学规律进行分析，发现预氧化 0～8 d 煤样交叉点时间和梯度点时间均呈现先减小后增大的趋势，预氧化 3 d 为最小值，煤自燃倾向性最显著；随预氧化时间的延长，—CH_2和—CH_3的峰面积先增大后减小再增大，游离羟基和分子内氢键先增加后减小；煤样粒径越小，交叉点温度越低，终态温度越大，煤自燃性越强。

(2) 水灰比为 1∶0.33 时泥浆保水率达到饱和，黏聚性最好，泥浆硬度最高。较其他水灰比，漏风变化率最低，不易产生裂隙，达到完全封堵厚度仅为 1.94 cm；综合考虑泥浆悬浮性、流动性和流变性，悬浮剂添加量应为：水灰比 1∶0.2、1∶0.25、1∶0.33 的泥浆悬浮剂添加量不应大于 0.5%，水灰比 1∶0.5、1∶1 的泥浆悬浮剂添加量不应大于 0.3%，水灰比 1∶2 的泥浆悬浮剂的添加量不应大于 0.2%。

(3) 研究 $CaCl_2$和新型复合钙化泡沫阻燃特性。$CaCl_2$质量分数从 5%增加到 15%时，煤温明显降低；$CaCl_2$含水率超过 30%后，处理煤样不会从外界吸收水分。钙化泡沫析液量显著低于原始泡沫析液量，具有强热稳定性；耐燃性比纯水处理样品高 114.1%。分析 $CaCl_2$和钙化泡沫抑制煤炭自燃进程，发现加热过程中最高温度只有 116 ℃和 106 ℃，不到原始泡沫的 65%。

(4) 构建能量稳定的钱家营煤分子模型，增加 $CaCl_2$含量后氧气吸附量呈现先增大后减小趋势。建立新型复合钙化泡沫三明治模型，发现钙化泡沫吸附层厚度扩大到 8.86 Å；钙化作用加强了头基与水分子的相互作用，提高了泡沫保水性能。钙化泡沫中水的析液速率 MSD 在任何温度下都低于原始泡沫的，有利于阻止水分子在液膜之间流动，减缓泡沫歧化作用。

(5) 对红树梁煤矿 6106 工作面以及串草圪旦煤矿 6101 工作面的无地表漏风、有地表漏风、地表漏风耦合动态推进三种工况进行了采空区“三带”模拟分析。发现无地表漏风时采空区漏风主要集中于进风侧，地表裂隙漏风扩大了氧化带范围且氧化带逐渐呈现对称分布的趋势。以动网格技术为手段，确定工作面的推进使采空区内部氧化带范围进一步扩大，但宽度的增加速率逐渐降低。

(6) 研究了泡沫灌注、泡沫灌注与均压协同使用对串草圪旦煤矿 6101 工作面的防灭火效果。发现泡沫治理 10 d 后，氧化带面积从 3 405 m^2 缩小到 505 m^2；实施均压防灭火后，氧化带面积从 3 312 m^2 缩小到 1 556 m^2。对比未采取治理措施、采取均压治理措施、采取均压和注泡沫相结合治理措施三种情况氧化带宽度随工作面距离的变化，发现均压治理氧化带宽度最大缩短 17.68 m，最小缩短 9.52 m；均压和注泡沫相结合治理，氧化带宽度最大缩短 31.93 m，最小缩短 17.50 m。

参考文献

[1] 康红普,任世华,王保强,等.煤炭工业数字化发展战略研究[J].中国工程科学,2023,25(6):170-178.

[2] 王佟,刘峰,赵欣,等."双碳"背景下我国煤炭资源保障能力与勘查方向的思考[J].煤炭科学技术,2023,51(12):1-8.

[3] 秦波涛,仲晓星,王德明,等.煤自燃过程特性及防治技术研究进展[J].煤炭科学技术,2021,49(1):66-99.

[4] 王德明,邵振鲁,朱云飞.煤矿热动力重大灾害中的几个科学问题[J].煤炭学报,2021,46(1):57-64.

[5] 苑林姝.经济新常态下煤电产业可持续发展研究[D].北京:华北电力大学,2019.

[6] 中华人民共和国自然资源部.中国矿产资源报告 2024[M].北京:地质出版社,2024.

[7] 国家统计局.国家统计局年度数据[EB/OL].[2024-04-12].https://data.stats.gov.cn/easyquery.htm? cn=C01.

[8] 刘峰,曹文君,张建明,等.我国煤炭工业科技创新进展及"十四五"发展方向[J].煤炭学报,2021,46(1):1-15.

[9] LI C M,NIE R. An evaluating system for scientific mining of China's coal resources[J]. Resources policy,2017,53:317-327.

[10] 王巍.CO_2/N_2防治氧化煤复燃的机理及方法研究[D].北京:中国矿业大学(北京),2022.

[11] 陈良舟.煤贫氧氧化特性及火区氧化煤气化研究[D].徐州:中国矿业大学,2023.

[12] 张建民,管海晏,曹代勇,等.中国地下煤火研究与治理[M].北京:煤炭工业出版社,2008.

[13] SONG Z Y,KUENZER C,ZHU H Q,et al. Analysis of coal fire dynamics in the Wuda syncline impacted by fire-fighting activities based on in situ observations and Landsat-8 remote sensing data[J]. International journal

of coal geology,2015,141:91-102.
[14] 梁宇生.煤炭地下开采与地面典型土地资源保护的冲突及协调研究[D].北京:中国矿业大学(北京),2020.
[15] 王佟,韩效忠,邓军,等.论中国煤炭地质勘查工作在新条件下的定位与重大研究问题[J].煤田地质与勘探,2023,51(2):27-44.
[16] 陈良舟.煤贫氧氧化特性及火区氧化煤气化研究[D].徐州:中国矿业大学,2023.
[17] 王成博,雷昌奎,邓存宝.焦煤氧化燃烧特性参数与热动力学特征[J].西安科技大学学报,2024,44(4):709-719.
[18] 肖旸,叶星星,刘昆华,等.二次氧化煤自燃过程关键官能团的转变规律[J].煤炭学报,2021,46(增刊2):989-1000.
[19] 赵兴国,戴广龙.氧化煤自燃特性实验研究[J].中国安全生产科学技术,2020,16(6):55-60.
[20] 张明乾.断层构造诱发煤微观结构演化及自燃机理研究[D].阜新:辽宁工程技术大学,2023.
[21] 汤宗情.煤自燃过程中孔隙演化机制及其对多元气体吸附特性的影响[D].徐州:中国矿业大学,2020.
[22] LEI C K,DENG J,CAO K,et al. A comparison of random forest and support vector machine approaches to predict coal spontaneous combustion in gob[J]. Fuel,2019,239:297-311.
[23] LU Y,QIN B T. Identification and control of spontaneous combustion of coal pillars: a case study in the Qianyingzi Mine, China [J]. Natural hazards,2015,75(3):2683-2697.
[24] 李金虎.基于活性位点产生和氧化的热侵煤体煤自燃特性及抑制途径研究[D].徐州:中国矿业大学,2020.
[25] WANG H H,DLUGOGORSKI B Z,KENNEDY E M. Coal oxidation at low temperatures: oxygen consumption, oxidation products, reaction mechanism and kinetic modelling[J]. Progress in energy and combustion science,2003,29(6):487-513.
[26] 李啸天.低温氧化环境中褐煤活性基团与 H_2O-O_2 的微观作用模拟研究[D].徐州:中国矿业大学,2021.
[27] 郝慧.基于褐煤物化结构构建的碳纳米管对 H_2O-O_2 的扩散吸附作用研究[D].徐州:中国矿业大学,2019.
[28] MENG X L, GAO M Q, CHU R Z, et al. Construction of a

macromolecular structural model of Chinese lignite and analysis of its low-temperature oxidation behavior [J]. Chinese journal of chemical engineering,2017,25(9):1314-1321.

[29] ZHOU L, DAI G L, QIN R X, et al. Low-temperature oxidation characteristics of bituminous coal with different gas contents:a case study [J]. Energy sources, part A: recovery, utilization, and environmental effects,2021,43(13):1635-1648.

[30] CHU R Z, WU J X, MENG X L, et al. Inhibition mechanism of spontaneous combustion by nano-sized complex inhibitor for Chinese lignite in low-temperature oxidation [J]. Chemical engineering communications,2021,208(1):29-40.

[31] LIANG Y T, ZHANG J, WANG L C, et al. Forecasting spontaneous combustion of coal in underground coal mines by index gases: a review [J]. Journal of loss prevention in the process industries, 2019, 57: 208-222.

[32] 牛会永,张辛亥.煤炭自燃机理及防治技术分类研究[J].工业安全与环保,2007,33(10):45-48.

[33] ZHAO J Q, YANG D G, WU J X, et al. Prediction of temperature and CO concentration fields based on BPNN in low-temperature coal oxidation [J]. Thermochimica acta,2021,695:178820.

[34] 陈龙.煤低温氧化热效应影响规律研究[D].西安:西安科技大学,2019.

[35] XIN L, XU M, FENG M Z, et al. Compositional evolution of lignite during spontaneous combustion under low-temperature oxidation [J]. Combustion theory and modelling,2021,25(4):695-717.

[36] SUN L L, ZHANG C, WANG G, et al. Research on the evolution of pore and fracture structures during spontaneous combustion of coal based on CT 3D reconstruction[J]. Energy,2022,260:125033.

[37] LI Z X, ZHANG M Q, YANG Z B, et al. Division of coal spontaneous combustion stages and selection of indicator gases[J]. PLoS one,2022,17(4):e0267479.

[38] LI X P, ZHANG J, REN X P, et al. Study on condition analysis and temperature prediction of coal spontaneous combustion based on improved genetic algorithm[J]. AIP advances,2022,12(11):115128.

[39] SHAO H D, YANG S Q, YANG K. Effect of thermal damage on pore

development and oxidation reaction of coal[J]. Asia-Pacific journal of chemical engineering,2022,17(3):e2774.

[40] LIANG Y T,TIAN F C,GUO B L,et al. Experimental investigation on microstructure evolution and spontaneous combustion properties of aerobic heated coal[J]. Fuel,2021,306:121766.

[41] DENG J, ZHAO J Y, ZHANG Y N, et al. Thermal analysis of spontaneous combustion behavior of partially oxidized coal[J]. Process safety and environmental protection,2016,104:218-224.

[42] WANG G,LIU Q Q,SUN L L,et al. Secondary spontaneous combustion characteristics of coal based on programed temperature experiments[J]. Journal of energy resources technology,2018,140(8):082204.

[43] 朱豪,牛会永,李芳,等. 采空区遗煤二次氧化特性分析及预防措施[J]. 安全,2018,39(2):17-19.

[44] 文虎,姜华,翟小伟,等. 煤二次氧化气体特征实验研究[J]. 煤矿安全,2013,44(9):38-40.

[45] 石芳,周金固. 煤样二次氧化过程中 CO 气体变化规律研究[J]. 内蒙古煤炭经济,2014(1):119-121.

[46] 张辛亥,卢苗苗,白亚娥,等. 基于热重红外联用的煤二次氧化自燃特性研究[J]. 矿业安全与环保,2018,45(5):16-21.

[47] MA T,CHEN X K,ZHAI X W,et al. Thermogravimetric and infrared spectroscopic studies of the spontaneous combustion characteristics of different pre-oxidized lignites [J]. RSC advances, 2019, 9 (56): 32476-32489.

[48] WANG K,LIU X R,DENG J,et al. Effects of pre-oxidation temperature on coal secondary spontaneous combustion[J]. Journal of thermal analysis and calorimetry,2019,138(2):1363-1370.

[49] WANG D M,ZHONG X X,GU J J,et al. Changes in active functional groups during low-temperature oxidation of coal[J]. Mining science and technology (China),2010,20(1):35-40.

[50] MATHEWS J P,VAN DUIN A C T,CHAFFEE A L. The utility of coal molecular models[J]. Fuel processing technology,2011,92(4):718-728.

[51] TAHMASEBI A, YU J L, BHATTACHARYA S. Chemical structure changes accompanying fluidized-bed drying of Victorian brown coals in superheated steam,nitrogen,and hot air[J]. Energy & fuels,2013,27(1):

154-166.
[52] ZHOU C S,ZHANG Y L,WANG J F,et al. Study on the relationship between microscopic functional group and coal mass changes during low-temperature oxidation of coal[J]. International journal of coal geology, 2017,171:212-222.
[53] 辛海会.煤火贫氧燃烧阶段特性演变的分子反应动力学机理[D].徐州:中国矿业大学,2016.
[54] 任万兴,郭庆,左兵召,等.近距离易自燃煤层群工作面回撤期均压防灭火技术[J].煤炭科学技术,2016,44(10):48-52.
[55] 马超,赵云峰.YCM固化充填堵漏防灭火技术与应用[J].煤矿安全,2009,40(2):38-39.
[56] 邓军,徐精彩,张辛亥.稠化胶体防灭火特性实验研究[J].西安科技学院学报,2001,21(2):102-105.
[57] QIN B T, JIA Y W, LU Y, et al. Micro fly-ash particles stabilized Pickering foams and its combustion-retardant characteristics[J]. Fuel, 2015,154:174-180.
[58] FU G,JIANG J C,NI L. Research-scale three-phase jet foam generator design and foaming condition optimization based on Box-Behnken design [J]. Process safety and environmental protection,2020,134:217-225.
[59] GARRETT P R. Recent developments in the understanding of foam generation and stability[J]. Chemical engineering science, 1993, 48(2): 367-392.
[60] PUGH R J. Foaming, foam films, antifoaming and defoaming [J]. Advances in colloid and interface science,1996,64:67-142.
[61] CAREY E, STUBENRAUCH C. Free drainage of aqueous foams stabilized by mixtures of a non-ionic (C12DMPO) and an ionic (C12TAB) surfactant[J]. Colloids and surfaces A: physicochemical and engineering aspects,2013,419:7-14.
[62] ARABADZHIEVA D, TCHOUKOV P, SOKLEV B, et al. Interfacial layer properties and foam film drainage kinetics of aqueous solutions of hexadecyltrimethylammonium chloride [J]. Colloids and surfaces A: physicochemical and engineering aspects,2014,460:28-37.
[63] SMITH A C, TREVITS M A, MUCHO T P, et al. Evaluation of gas enhanced foam for suppressing coal mine fires[C]//Proceedings of the

National Coal Show Pittsburgh Pennsylvania. [S. l. :s. n.],2005:1-17.

[64] LU X X,WANG D M,QIN B T,et al. Novel approach for extinguishing large-scale coal fires using gas-liquid foams in open pit mines [J]. Environmental science and pollution research international,2015,22(23):18363-18371.

[65] NIU H Y,SUN Q Q,BU Y C,et al. Review and prospects of research on materials to prevent and extinguish mine fires[J]. Fire and materials, 2023,47(6):739-757.

[66] XI Z L, LI D, FENG Z Y. Characteristics of polymorphic foam for inhibiting spontaneous coal combustion[J]. Fuel,2017,206:334-341.

[67] LI Q W, XIAO Y, ZHONG K Q, et al. Overview of commonly used materials for coal spontaneous combustion prevention [J]. Fuel, 2020, 275:117981.

[68] MOHALIK N K, LESTER E, LOWNDES I S. Development a modified crossing point temperature (CPTHR) method to assess spontaneous combustion propensity of coal and its chemo-metric analysis[J]. Journal of loss prevention in the process industries,2018,56:359-369.

[69] LI Y,CAO C F,LI S N,et al. In situ reactive self-assembly of a graphene oxide nano-coating in polymer foam materials with synergistic fire shielding properties[J]. Journal of materials chemistry A,2019,7(47):27032-27040.

[70] TANG Z Q, XU G, YANG S Q, et al. Fire-retardant foam designed to control the spontaneous combustion and the fire of coal: flame retardant and extinguishing properties[J]. Powder technology,2021,384:258-266.

[71] GUO Q, REN W X, ZHU J T, et al. Study on the composition and structure of foamed gel for fire prevention and extinguishing in coal mines [J]. Process safety and environmental protection,2019,128:176-183.

[72] SONG H P,LIU J Q,XUE F B,et al. The application of ultra-fine fly ash in the seal coating for the wall of underground coal mine[J]. Advanced powder technology,2016,27(4):1645-1650.

[73] WATANABE W S, ZHANG D K. The effect of inherent and added inorganic matter on low-temperature oxidation reaction of coal[J]. Fuel processing technology,2001,74(3):145-160.

[74] QIN B T,DOU G L,WANG Y,et al. A superabsorbent hydrogel:ascorbic

acid composite inhibitor for the suppression of coal oxidation[J]. Fuel, 2017,190:129-135.

[75] QIN B T. Development and application of solidified foam of fly ash for mine fire control[J]. Metal mine,2008,4:139-141.

[76] XIAO H, DU C F. Experiments on a new kind polymer-inhibitor for suppressing coal spontaneous ignition [J]. Journal of safety and environment,2006,6:46-48.

[77] SLOVÁK V, TARABA B. Urea and $CaCl_2$ as inhibitors of coal low-temperature oxidation[J]. Journal of thermal analysis and calorimetry, 2012,110(1):363-367.

[78] YANG S Q. Experiment study and mechanism analysis of $Ca(OH)_2$ as the retarder of high-sulphur coal[J]. Journal of China University of Mining and Technology,1996,4:68-72.

[79] XUE D,HU X M,CHENG W M,et al. Fire prevention and control using gel-stabilization foam to inhibit spontaneous combustion of coal: characteristics and engineering applications[J]. Fuel,2020,264:116903.

[80] SHI Q L,QIN B T. Experimental research on gel-stabilized foam designed to prevent and control spontaneous combustion of coal[J]. Fuel, 2019, 254:115558.

[81] 张长山. 近距离煤层群复合采空区煤自燃时空演化与防控技术研究[D]. 西安:西安科技大学,2019.

[82] KRISHNASWAMY S,AGARWAL P K,GUNN R D. Low-temperature oxidation of coal. 3. Modelling spontaneous combustion in coal stockpiles [J]. Fuel,1996,75(3):353-362.

[83] 刘星魁,屈丽娜,常绪华. 堆放方式对煤堆自燃升温过程的影响分析[J]. 西安科技大学学报,2017,37(1):38-44.

[84] TARABA B, MICHALEC Z. Effect of longwall face advance rate on spontaneous heating process in the gob area: CFD modelling[J]. Fuel, 2011,90(8):2790-2797.

[85] CHEN X J,JIA Q,LI X J,et al. Characteristics of airflow migration in goafs under the roof-cutting and pressure-releasing mode and the traditional longwall mining mode [J]. ACS omega, 2021, 6 (35): 22982-22996.

[86] TANG M Y,QIU J W,ZHANG H L,et al. Numerical simulation of

ground air leakage into the gob based on surface cracks observation:a case study in Shendong coalfield of China[J]. Arabian journal of geosciences, 2021,14(20):2085.

[87] CHEN L Z,YANG J,DING P X. Dynamic evolution of negative pressure impact of cross-cut on oxygen concentration field in coal mine goaf[J]. Heat and mass transfer,2021,57(5):737-749.

[88] LI Z J,XU Y,LIU H S,et al. Numerical analysis on the potential danger zone of compound hazard in gob under mining condition[J]. Process safety and environmental protection,2021,147:1125-1134.

[89] LUO Z M, HAO Q Q, WANG T, et al. Experimental study on the deflagration characteristics of methane-ethane mixtures in a closed duct [J]. Fuel,2020,259:116295.

[90] ZHANG Y T, LIU Y R, SHI X Q, et al. Risk evaluation of coal spontaneous combustion on the basis of auto-ignition temperature[J]. Fuel,2018,233:68-76.

[91] ZHANG Y S, NIU K, DU W Z, et al. A method to identify coal spontaneous combustion-prone regions based on goaf flow field under dynamic porosity[J]. Fuel,2021,288:119690.

[92] ZHUO H,QIN B T,QIN Q H. The impact of surface air leakage on coal spontaneous combustion hazardous zone in gob of shallow coal seams:a case study of Bulianta Mine,China[J]. Fuel,2021,295:120636.

[93] 岳宁芳,金彦,陈桂林,等.基于多参量的采空区煤自燃危险区域划分方法研究[J].矿业安全与环保,2021,48(4):1-5.

[94] ZHANG R,CHENG J W,WANG Z,et al. Recapitulation and prospect of research on flow field in coal mine gob[J]. Shock and vibration,2021, 2021(1):3730606.

[95] ZHAI X W,WANG B,JIANG S R,et al. Oxygen distribution and air leakage law in gob of working face of U+L ventilation system[J]. Mathematical problems in engineering,2019,2019(1):8356701.

[96] 黄戈,张勋,王继仁,等.近距离煤层上覆采空区自燃形成机理及防控技术[J].煤炭科学技术,2018,46(8):107-113.

[97] CHU T X, LI P, CHEN Y X. Risk assessment of gas control and spontaneous combustion of coal under gas drainage of an upper tunnel [J]. International journal of mining science and technology,2019,29(3):

491-498.

[98] YANG S Q,ZHOU B Z,WANG C J. Investigation on coal spontaneous combustion in the gob of Y type ventilation caving face:a case study[J]. Process safety and environmental protection,2021,148:590-603.

[99] XU Y,LI Z J,LIU H S,et al. A model for assessing the compound risk represented by spontaneous coal combustion and methane emission in a gob[J]. Journal of cleaner production,2020,273:122925.

[100] LIU W,QIN Y P,SHI C L,et al. Dynamic evolution of spontaneous combustion of coal in longwall gobs during mining-stopped period[J]. Process safety and environmental protection,2019,132:11-21.

[101] 张辛亥,席光,陈晓坤,等. 近距离煤层群开采自燃危险区域划分及自燃预测[J]. 煤炭学报,2005,30(6):733-736.